有料、有趣、还有范儿的茶知识百科

你不懂茶

［日］三宅贵男 著

曹逸冰 译

 江苏凤凰文艺出版社
JIANGSU PHOENIX LITERATURE AND
ART PUBLISHING, LTD

前 言

那是一个冬日。我乘坐的列车正在中国大地上飞驰。突然，一位面相和蔼的老人主动和我说话。虽然语言稍有不通，但是一看到他递过来的东西，我就立刻明白了。白色的杯子里，装着一些干燥的、小小的绿色叶片——"泡了喝吧。"老爷爷笑嘻嘻地看着我，我便欣然接受了。

杯子里绽放着叶片——其中的含义是全世界相通的。

"茶"是一种神奇的饮品。它能温暖身体，抚慰心灵，自然地拉近人与人之间的距离。我希望能和更多的人分享它的奥妙，才写了这本书。

我们几乎天天都要和茶打交道，却对它一知半解。因此在本书中，我会系统地梳理有关"茶"的一切，将晦涩难懂的概念解释得尽可能简明易懂。穿插在讲解中的小故事，也能帮助大家理解每种茶的特征与功效。对从没听说过的茶望而却步的时候，不妨翻开这本书查一查。享受一杯茶的诀窍，就在书里等着你哦。

"来我家喝个茶呗！"这句话有两层意思：一是"要来我家一起喝茶吗"，二是"要自己泡泡看吗"。无论是为别人泡一杯茶，还是为自己泡，它所滋润的都不仅仅是嘴巴和喉咙。

中国有句老话叫"口渴喝水，心渴喝茶"。愿这本书能成为大家进一步了解茶文化的契机。

2 中国茶

3 红茶

什么是茶?

茶的"定义"当然有,但我们平时不会执着于定义,基本都是随口一说。

"茶"是全世界最受欢迎的饮品之一。狭义上的"茶"指的是由茶树加工而成的食品。顾名思义,茶树就是"茶的树",学名是Camellia sinensis,属于山茶科。照理说,用取自茶树的嫩芽、叶片加工出来的东西,才是货真价实的"茶"。为什么是照理说呢?因为"茶"这个词已经渗透到了日常生活的方方面面,而且它的用法已然超越了前面提到的定义,变得更广泛、更自由了。

以茶树为原料的绿茶、白茶、红茶、黄茶、青茶、黑茶、花茶等自不用说,用其他植物加工的茶(比如大麦茶、花草茶、马黛茶、路易波士茶)甚至咖啡,都被囊括在"茶"这个统称里。

"那就喝点茶吧。"——这句话已经演变成了一种以热饮(有时候是冷饮)为媒介的沟通手法,也成了"稍事歇息"的同义词,完全融入了我们的日常生活。而且在日本,"茶"的概念里同时包含了由"茶道"组成的日本传统之美,所以也存在"学茶"这样的说法。既有严格的定义,又有自由、宽松的使用规则,与文化、艺术也有交集,时刻紧贴普通人的生活——这就是"茶"。

1

日本茶

日本茶是什么样的茶？

一般指在日本生产的"绿茶"。
日本还有各种由绿茶加工而成的茶。

　　用高温蒸汽处理刚摘下的茶树嫩芽与叶片（杀青），使氧化酶失去活性，所以绿茶才会呈现出鲜艳的绿色。日本九州岛等地也会以"炒"的方式加工茶叶，这样做出来的茶叫"锅炒茶"。炒茶是中国最普及的茶叶加工方法，因此日本人也管它叫"中国式加工法"。具体的等讲到"中国茶"的时候再与大家深入探讨。

　　先看"冠茶"与"玉露"。这两种茶的独到之处在于茶农会用草席或其他工具盖住茶树，通过遮挡阳光提升成品的鲜香。用同样的方法进行遮光处理，但是采摘后跳过"揉捻"的环节，直接晾干的茶叫"碾茶"。碾茶大多被加工成了"抹茶"，因此本书没有专门介绍它的章节，大家只要知道碾茶可以用来做茶泡饭之类的食物就可以了。挑出碾茶中的茎与叶脉，用石磨磨成粉，便成了抹茶。

　　"蒸"出来的茶可根据加热时间的长短分为"普通煎茶""深蒸煎茶"等。在分拣环节被筛下来的叶片与嫩芽以外的部分统称为"出物"。由撕裂下来的叶尖与嫩芽组成的茶叫"芽茶"。去除叶、芽，只留茎部的叫"茎茶"。将碎片归到一起，就成了"粉茶"。"焙茶"是经过烘焙处理的绿茶。在绿茶中加入玄米①，就是"玄米茶"了。最近市面上还出现了带果香等各类香味的"风味绿茶"。

注：① 即糙米。

虽然都是日本茶，但色泽、风味与冲泡方法可谓各有千秋。至于每种茶的特征，将在后续的章节中与大家一一分享。

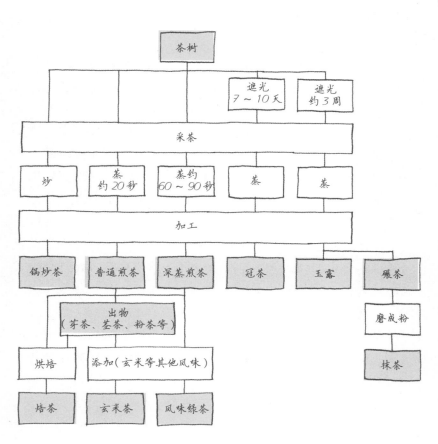

喝日本茶对身体有哪些益处？

日本茶的奥妙在于它富含儿茶素。

"茶乃养生之仙药，延龄之妙术也。"——在镰仓时代为日本禅宗的发展做出巨大贡献的荣西禅师①在他的著作《吃茶养生记》里这样描述了茶的功效。正如他所说，茶原本是以药草的身份传入日本的。早在数百年前，人们便坚信喝茶是延年益寿的好习惯。

现代人的生活是越过越好了，但因"生活习惯病"而苦恼的人却与日俱增，这也促使人们将视线重新投向了传统的保健饮品。眼下世界各地都在大力研究茶的功效。放眼全球，红茶占有的市场份额遥遥领先，而绿茶的市场份额还不到红茶的三分之一。但是在所有关于茶的研究论文中，以绿茶为主题的足足占了六成，可见绿茶的受关注程度。这是为什么呢？因为绿茶富含儿茶素。据说人体的氧化与癌症、动脉硬化等疾病的发病及恶化密切相关。氧化源于活性氧，而儿茶素恰恰可以抑制活性氧。另外，儿茶素还有抗菌、抗病毒等生理学层面的作用。研究结果称，儿茶素有预防蛀牙、感冒的功效。喝杯茶喘口气，也有助于缓解压力，保持心情愉快。而且无论喝多少，摄入的热量都几乎为零。由此可见，茶堪称理想的健康饮品。

注：① 1141年～1215年，日本的禅宗思想早在奈良时代就有流传，但是在荣西禅师开创临济宗之后才真正有了巨大的影响力。

　　茶有这么多功效，岂有不喝之理？袋装茶和散装茶叶里也含有儿茶素，可以利用工作的间隙喝上一杯，或者在开车的时候顺手拿起泡了茶的随行杯喝两口。

3

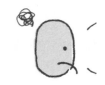

新茶、一番茶、番茶到底有什么区别？

新茶和一番茶是一回事，
但和番茶却不一样……

　　"采采采，夏天到，八十八夜采茶忙……"日本文部省①指定小学曲目之一《采茶歌》里提到的"八十八夜"是指从立春算起的第八十八天。正如歌里唱的那样，这时正是天气温暖平和，富有初夏气息的五月初。每年的第一批茶，即"一番茶（新茶）"的采摘工作，一般都是从"八十八夜"前后开始的。当然，最合适的日子由种植地的地理位置、当年的气候等因素决定。一到冬天，茶树就会跟冬眠似的停止生长，将养分储藏在根与茎里。到了合适的时间，嫩芽就会依靠这些养分长出来。把长好的嫩芽摘下来，就是一番茶了。由于一番茶是从初春开始生长的，气温不高，阳光温和，生长速度也相对缓慢，最后的成品才会富含能带来鲜香美味的茶氨酸。

　　一番茶摘完以后，夏天就来了。一旦沐浴到强烈的阳光，茶树便会加快生长速度，只需45天左右就能进行下一次采摘。这批茶的采摘时间比一番茶要晚一些，故称"晚茶"，谁知传着传着就变成了"番茶"。与一番茶相比，番茶的茶叶较硬，茶氨酸的含量也比较低。日本有句老话，叫"十七十八无丑女，粗茶新沏味也香"，意思是"再丑的姑娘，在年岁正好的时候也是好看的；即便是番茶，刚泡好的时候也会散发出诱人的清香"。虽然番茶被打上了

注：① 日本中央政府行政机关之一，负责统筹日本国内教育、科学技术、学术、文化及体育等事务。

"品质不如一番茶"的标签，但它价格实惠，有益健康的儿茶素含量也并没有打折扣，因此非常适合日常饮用。从这个角度看，它完全有资格获得更多的掌声。有些地区也管绿茶炒出来的"焙茶"叫"番茶"，但是在本书中，我们还是得把这两种茶分开讲。

日本人平时最常喝的那种绿茶到底是什么茶?

不看到实物，没法百分百确定，但很有可能是煎茶。

　　煎茶的产量在日本茶的总产量里占80%。在寻常百姓的印象中，"日本茶=绿茶=煎茶"。这也体现出煎茶的确是日本茶的基本款。虽然煎茶的风味会因为品种、产地、加工方法等因素有所变化，但扑鼻的清香，还有涩味与甜味的完美平衡，是所有煎茶的共同点。人们常说"高档茶要用不太烫的水慢慢泡"。简单来说，就是高档茶本就富含鲜味，所以要用不那么烫的水抑制涩味（因为引起涩味的成分容易在高温环境下释出），把鲜味慢慢吊出来。

　　那高档、中档和低档的区别在哪里呢？有个简单的分类标准，那就是"采摘时期"。采得早，是高档茶必须满足的条件之一。换言之，它必须是一番茶。要是产品包装上印着"一番茶""高档茶"之类的字眼，那你就可以认定，这是当年采摘的第一批茶，口味鲜美。中档以下就比较复杂了。谁会往自家产品的包装上印"低档"这两个字呢？连"中级""普通"都很难见到吧。100g几百日元的产品最好还是咨询一下店员。顺便说一下，高档煎茶最好用70℃的水冲泡，中档的用80～90℃。深蒸煎茶对水温的要求不是特别严格，但还是用80℃左右的热水比较好，这样更有利于泡出儿茶素。

5

真有"静冈的茶不算茶"
这回事吗?

放心吧，静冈的茶也是真正的茶。

　　这种说法是怎么来的呢? 据说有一次，日本静冈县搞了一场和茶有关的活动。来宾之一是日本京都茶铺界的大佬。他当着大家的面，聊起了家乡宇治的茶。见听众们的反响十分热烈，他越讲越起劲，便说出了"静冈的茶不算茶"这种话——"我才不管什么深蒸不深蒸呢，磨得那么碎就不提了，瞧瞧那颜色，简直没法看了!"就在听众们开始提心吊胆的时候，静冈本地茶铺的人一声大吼:"老头子胡说八道什么! 存心找茬吗? "

　　怎么就吵起来了呢? 原来日本茶的加工过程中有一个环节是"蒸"。蒸的时间是长是短，会直接影响成品的口味。京都大佬家的宇治煎茶会把"蒸"的时间控制在最短，以便打造出清爽而细腻的风味，成品还留着些许山野的余韵。叶片保持尖尖的针状，泡出来的茶水是养眼的黄绿色。而静冈常见的"深蒸煎茶"就不一样了，蒸的时间是宇治煎茶的2~3倍，甚至更长，因此叶片的纤维会变脆，容易出粉。但是这样蒸出来的茶没有草味，而是有着温润的香气，泡出来的茶水略稠，却丝丝清甜，颜色介于深绿色与土黄色之间。

　　一方水土养一方茶，不同的风土、饮食习惯与水质造就了因地而异的茶叶加工方法。品尝、对比各种日本茶的异同，也不失为一种乐趣。

　　话说那一触即发的两个人最后怎么样了呢? 吵到最后，他们居然开始互相夸奖对方的茶有什么优点了，可谓是圆满收场。说到底，还是茶商的自尊心和对茶的一腔热忱在作祟吧。

6

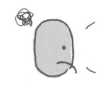

哪种日本茶最能放松身心？

玉露的冲泡方法

1

把热水倒进茶壶。

2

把茶壶里的热水转移到汤冷①里。

3

再将汤冷里的热水倒进茶杯。

试试玉露吧！虽然门槛有点高……

　　日本料理和中国菜都有"不够鲜"的说法。这三个字的意思其实是氨基酸的鲜味成分不够多。甜、咸、酸、苦是全世界通用的四种味道。直到最近，"鲜②"才升级成为第五种味道。在英语文化圈，人们把这第五种味道写作"UMAMI"。

　　茶中富含氨基酸之———茶氨酸。众所周知，茶氨酸有放松大脑、舒缓压力的功效。大家知道吗？日本有一种茶氨酸含量高得出奇，打遍天下无敌手的茶，那就是"玉露"。鲜味的奥妙，就在于玉露的种植方法。在距离采摘还有20天左右的时候，茶农会用稻草之类的东西盖住茶树，抑制光合作用，阻止茶氨酸转化成涩味的源

注：①汤冷是日本专门用来把热水放凉的器具，类似中国的公道杯。
　　②日语里写作旨味，念作UMAMI。

把玉露的茶叶
装进茶壶。

将茶杯里的热水
倒回茶壶。

这真的是茶吗?

把茶壶里的茶倒
干净，一滴不留。

头——儿茶素。如此一来，就能将大量的茶氨酸留在成品中了。口
齿留香的甜味以及放松身心的功效，都得归功于这种种植方法。

　　为了充分吊出玉露的鲜味，请大家用50～60℃的热水冲泡。
这个温度比冲泡煎茶的水温低了很多。10g茶叶倒入50ml热水就够
了，耐心等待2～3分钟，再慢慢倒进茶杯。泡出来的浅绿色茶水清
新淡雅，非常鲜美，喝上一口，你就会惊呼："这真的是茶吗？"
日本人特有的细腻，淋漓尽致地体现在了玉露的种植和冲泡方法
中。也正是这一份细腻，造就了茶的魅力。

7

有一茶两喝的日本茶吗？

要不试一试冠茶？开水泡像煎茶，温水泡像玉露，能享受到两种不同的风味。

　　冠茶和玉露一样，也是采摘前要遮光一段时间。如此一来，就能生产出涩味少，却富含茶氨酸的茶。两者的区别在于遮光方法：玉露是给整块茶田盖上遮盖物，持续20天左右；冠茶则是把遮盖物直接铺在茶树上，遮一星期左右就可以了。冠茶沐浴的紫外线不如煎茶那么多，却也不像玉露那样遮得严严实实，因此冠茶的特征正好介于煎茶和玉露之间。用开水冲泡，就是神似煎茶的清爽甜味与涩味。用温度较低的水，则可以泡出玉露一般的浓郁鲜味，简直是集两者的优点于一身。

　　种植玉露需要在茶田架设专用的架子，做间接遮光，而且很多茶农会选择费时费力的手工采摘法。而冠茶采用的是直接遮光，把茶树盖住就行了，采摘也基本实现机械化，因此价格会实惠一些。

　　一般来说，茶要经过"合组"这道工序才算大功告成。所谓"合组"，就是把风味各异的若干种茶叶混合起来，而鲜味明显、口感浓郁的冠茶在这个环节扮演着关键的角色。

　　冠茶明明有这么多优点，却不太为人所知，在日本关东以北的认知度尤其低。这也许是因为"浑身都是优点"的特征，换个角度看就成了"缺乏个性"。茶商往往也认定冠茶就是合组用的，没能把它的魅力宣传到位。总而言之，冠茶是值得更多关注的一款茶。

8

有价格便宜、提神醒脑的
日本茶吗？

芽茶。浓缩的醇厚口感与香味，一定能让你神清气爽。
价格也很亲民哦。

　　芽茶和细碎的粉末、茎一样，也是在加工煎茶、玉露等产品的过程中被筛下来的"边角料"，即所谓的"出物"。很多人望文生义，以为芽茶是单用新芽做成的，其实不然。在加工煎茶与玉露的时候，工匠会重复"揉搓"和"烘干"这两个步骤，打造出形似细针的成品。但小嫩叶、叶尖等部位的含水量本来就比较高，质地也软，就算这样加工也不会变成针状，而是会蜷起来。把这些蜷起来的东西筛出来，归到一起，就成了"芽茶"。所以单看成分，芽茶一点儿都不比煎茶和玉露差。由于养分更容易积蓄在小叶片与叶尖这样的部位，芽茶的鲜味与涩味会更浓郁一些，更受资深茶友的喜爱。和台湾茶一样，芽茶的茶叶是蜷起来的，看上去很小，表面积却很大。因此和看起来同等大小的其他茶叶相比，它的可冲泡次数也要更多一些。

　　芽茶是一种很容易泡出浓茶的茶叶，所以我们可以效仿高级煎茶的泡法，用水温70～80℃的热水闷上30～40秒，或用开水稍微泡个几秒钟，涩味也能出来。另外，在同属"出物"的廉价版茶叶中，芽茶的咖啡因含量相对较高。熬夜工作的时候，不妨喝点芽茶给自己加把劲。冲泡起来既不费事，又提神醒脑，而且一小撮就能泡好几杯呢。

　　比起茎茶和粉茶，芽茶的外形和煎茶、玉露更为相近，所以有时候人们会故意不把芽茶单独挑出来。

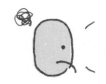

茶柱竖起来是好兆头？

从概率的角度看，的确极其罕见。
当它是个好兆头也无可厚非。

　　日本人把茶杯里竖起的棒状茶叶渣称为"茶柱"。其实竖起来的不是叶子，而是混在茶叶里的茎。一般情况下，人们会在加工煎茶的过程中把茎剔除。最近更是引进了高精度筛分机、颜色筛分机等设备，筛分率接近百分之百。就算有些茎侥幸混过了这一关，还有茶壶的滤网等待着它们，要想进到茶杯里简直比登天还难。和手工筛分的时代相比，现代人看到茶柱说不定真的是比较幸运呢。

　　被筛出来的茎也属于"出物"，又称"茎茶"。毕竟是被筛下来的东西，无论是价格还是等级都难免要低一些，一般只能享受二等品的待遇。但是请大家细细琢磨一下。养分是通过茎输送给叶片的，茎里肯定也有很多美味的成分啊！茎茶不仅富含茶氨酸，而且口味清甜、香味浓郁。高档煎茶或玉露的茎也能泡出高档茶叶的口感和香味来。好比宇治的高档煎茶和玉露的茎就有"雁音"之称，谁都不会把它当二等品来看，反而在茶叶界有着牢不可摧的地位。

　　茶柱是好运的象征，那么只用茶柱做的茶当然就是好运的"宝库"了。价格实惠，每天喝都不嫌贵，堪称平民茶叶的典范。茎茶富含纤维，用开水冲泡也好喝，但高级玉露的茎茶还是用低温热水冲泡为好。

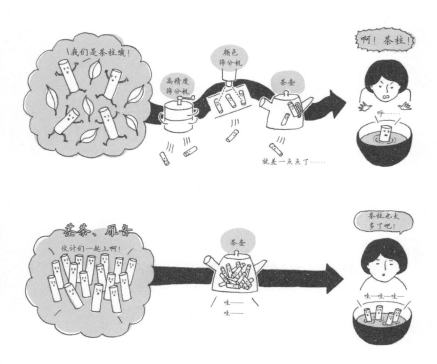

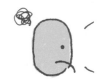

粉茶和粉末绿茶是同一种东西吗？

不是。粉茶是在加工过程中产生的"茶叶碎"，
粉末绿茶是用机器打成粉状的绿茶。

在日本寿司店用餐时喊一声"上茶"，店员就会端给你一大杯热气腾腾的绿茶。如果你刚巧坐在吧台边上，不妨仔细观察一下店老板是怎么泡茶的。大多数老板不会用茶壶之类的东西，而是直接把茶叶装进竹丝做的茶滤，再把茶滤整个浸到热水里捞几下。那架势是十足的老江户范儿，仿佛他正在用纯正的江户腔说："哪有工夫慢悠悠地用茶壶泡啊！"

吃过寿司以后，用粉茶利口再合适不过了。因为粉茶的截面够多，有效成分得以迅速释出。用开水快速冲泡，才能泡出香浓却不失清爽的茶水来。粉茶和茎茶、芽茶同属出物，价格也便宜，但它的有效成分含量毫不逊色于煎茶与玉露，和奥特莱斯的特卖品有着异曲同工之妙。冲泡粉茶的时候，会有很多细小的茶叶碎片穿过茶滤的小孔流入茶杯，所以平时跟着茶叶一起被倒进垃圾桶的有效成分也能被我们充分吸收。

不过请大家注意，粉茶和回转寿司店常用的"粉末绿茶"是两码事。粉末绿茶的颗粒比粉茶细小得多，乍一看跟磨出来的抹茶几乎没有区别。由于它能溶于热水，不产生茶叶渣，而且所有益于健康的成分都能喝进肚里，所以成了近年来颇受欢迎的速溶茶饮。市面上有很多包装成条状的粉末绿茶。

11

焙茶能自己在家做吗?

焙茶的做法

炒到变成
褐色↓

香甜的气味

1 将绿茶倒入平底锅，开火。

2 不断晃动平底锅，直到茶叶变成褐色。

3 等香甜的气味扑鼻而来，焙茶就大功告成了。

当然能！做法相当简单。把绿茶倒进厚实的平底锅炒一炒就行了。

　　"烘焙"是加工煎茶的最后一道工序。这样既能降低茶叶的含水量，延长保质期，又能使茶水的风味更加温润甘甜。实际操作的时候，工匠要仔细观察茶叶的状态，悉心控制火候。这也算是最能体现工匠水平的一个步骤了。

　　相传"焙茶"诞生于一次失败的烘焙。焦了当然不行，可烘焙到恰到好处的褐色，便会有阵阵芳香。煎茶以清爽见长，而焙茶则有着不同于煎茶的别样魅力，也是日本最具代表性的"百姓茶"之一。再加上焙茶的原材料以二番茶、三番茶和茎茶为主，价格一般都比较实惠，这也是它讨喜的地方。加热能减少茶叶中的咖啡因含量，因此有"喝焙茶不伤胃"的说法。

焙茶的冲泡方法

1 加进茶壶的焙茶要比泡煎茶的时候略多一些。

2 把热水倒进茶壶。

3 30~60秒后倒入茶杯。

　　焙茶的冲泡方法非常简单。因为它的实际体积比肉眼看上去要小，所以放入茶壶的茶叶要比泡煎茶的时候看上去略多一些。倒入热水后，等上30~60秒，就可以倒出来饮用了。

　　在大家的印象中，焙茶可能不如玉露、煎茶那样高端，但是有很多老字号的日式餐厅都是用焙茶招待客人的哦，因为它清爽的口感特别适合佐餐。

　　在家自制焙茶的时候，请大家视情况调节火候，别把绿茶炒焦了。要一边加热，一边晃动平底锅，直到茶叶变成褐色为止。不用加水，也不用加油。香香甜甜的味道飘出来的时候，自制焙茶就可以出锅啦。虽然比不上专业工匠的手艺，但好歹能过把瘾！

12

用玄米茶招待客人会显得失礼吗？

这种说法和玄米茶诞生的背景有关，
大概很多人觉得它不够高端吧。

　　用茶壶泡日本茶的时候，总有人特别纠结茶叶的用量、水温等冲泡条件。可是换成"玄米茶"，他们就不会那么讲究了，每一步都凭感觉来。所以玄米茶才是最具代表性的平民饮品之一。在日本，有"茶道"和"煎茶道"，却没有"玄米茶道"。因为不用介意形式与体统，只要喝得开心、喝得痛快就行。这就是玄米茶的魅力所在！

　　最常见的玄米茶是用煎茶或番茶与炒过的玄米混合而成的，两种成分的比例为1∶1。比起绿茶的香味，玄米炒过后的香味会更明显一点。玄米茶是一种很"年轻"的茶，诞生于第二次世界大战前后。相传当时日本京都有一家茶叶铺把镜饼①敲碎了放进锅里炒，然后混进煎茶里泡着喝，出人意料的味道居然还不错，于是这种喝法便慢慢普及开了。或许正因为当时物资匮乏，茶叶的价格居高不下，人们才想出了这么个"掺水"的法子。所以论档次，玄米茶的确要比煎茶差一截。

　　尽管味道不错，但在办公室接待客人时，玄米茶就不合适了。但玄米茶价格实惠，而且一半是玄米，咖啡因的含量也少了一半，

注：① 供神用的圆形的年糕。

很适合担心摄入过多咖啡因的人饮用。最近市面上还出现了加抹茶的玄米茶，泡出来的颜色更好看，喝着也更有茶味。玄米茶要用开水冲泡，这样才能充分吊出香味。不过这种茶的茶叶密度①比较低，泡的时候别舍不得放哦。

注：① 单位体积内的茶叶质量，以kg/m³为单位。相同情况下，密度的大小可以反映茶叶条索的紧结度和嫩度。按密度大小，依次为：红碎茶367kg/m³，工夫红茶340kg/m³，炒青绿茶266kg/m³，龙井茶253kg/m³，乌龙茶215kg/m³。

如何轻松在家喝到抹茶？

把热水倒进装了抹茶粉的杯子，搅拌一下就能喝了，就这么简单！

　　在各种各样的日本茶里，"抹茶"是最常用于甜点的一种。蛋糕、布丁、大福、意式冰淇淋……无论是日式甜点还是西式甜点，都有抹茶味的。抹茶是如此贴近我们的日常生活，可真有人说"咱们点①个茶喝喝吧？"，一般人还是会打退堂鼓。因为大家一听到抹茶，就会瞬间联想到"不能踩榻榻米的边缘"这种严格的规矩。这恐怕是因为"抹茶=茶道"的观念太根深蒂固了吧。

　　茶道不是单纯的泡茶。想要用心款待客人的执着信念，已然升华成了一种综合性艺术。"形式美"导致了"门槛高"的问题，于是在茶会上喝的"抹茶"也给人留下了"规矩多"的印象。其实制作抹茶并没有比制作其他绿茶难多少。原料和玉露相同，剔除叶脉后不经过揉搓直接晾干，就成了"碾茶"。用石磨把碾茶磨成粉，就是我们熟悉的抹茶了。换做普通的茶叶，光靠闷是没法把所有的精华转移到茶水中的，难免会有一些成分残留在茶叶渣里。但抹茶不一样，用热水冲开就能把所有的精华喝进肚子里。往茶杯里倒2g左右的抹茶，用60ml左右的热水（水温在80℃左右）冲开即可。如果手头有茶筅②的话，看上去就更像模像样了，用筷子当然也没问题。"唰唰唰"地搅一搅，打出细腻的泡沫即可。搭配甜甜的糕点一同享用，一定能让你感受到发自内心的幸福。

注：①抹茶是"点"出来，而不是"泡"出来的。
　　②茶道中用于搅拌茶粉的圆筒状竹刷。

　　要是有兴趣，不妨再研究一下点茶与品茶的礼仪吧。因为那是日本人代代相承的仪式。深入了解过茶道以后，你一定会对此产生更加浓厚的兴趣。

将抹茶（2g左右）倒进茶杯。

倒入热水，搅拌均匀（用80℃左右的热水，60ml左右）。

打出细腻的泡沫，即可享用。

把茶杯用开水烫一烫。

把杯里的热水倒掉，加入抹茶。

倒入热水。

用茶筅前后摆动，搅拌均匀。

打出细腻的泡沫后，提起茶筅，轨迹要呈"の"字形。

轻轻晃动后，端起茶杯，享用抹茶。

14

什么是"风味绿茶"?

带果香、花香等特殊香味的绿茶。

　　市面上有用佛手柑精油增加香味的伯爵茶，也有用吸收了花香的茶叶制成的茉莉花茶，可见人们对"附加香味的红茶或中国茶"还是比较宽容的。但是一提起"给日本茶加香味"，还是会有很多人皱起眉头。不过我个人觉得，既然牛奶咖啡和甜得要命的罐装咖啡是许多咖啡爱好者的入门款，那么从"增加爱茶人的基数"这个角度看，让不了解日本茶的人从风味绿茶喝起也未尝不可。

　　如前所述，日本茶富含儿茶素等各种保健成分，而"添加香味"这道工序又绝不会影响这些成分发挥作用。风味绿茶在老字号茶叶铺可能还比较少见，但它已经成了杂货店和网上茶叶店的标配。除了苹果、西柚、葡萄、樱桃等果香，还有栗子、黑蜜黄豆粉、蜂蜜、焦糖等香味供大家随意挑选。至于风味绿茶的冲泡方法，则要看吸附了香味的茶叶到底是哪一种，请大家以本章介绍过的煎茶、焙茶等茶叶的基本冲泡方法为准。

　　由于风味绿茶以香味见长，人们往往会忽略茶叶本身的品质。用优质茶叶加工而成的风味绿茶不仅有明显的香味，更有茶叶本身的丰盈甜味与鲜味加深口感的整体厚度。另外，带甜香的绿茶也是努力戒糖的减肥人士的好帮手。

15

 瓶装绿茶不如
茶壶泡出来的绿茶好喝?

论风味与雅趣,的确是茶壶泡的茶更胜一筹,但瓶装绿茶到处都有得卖,一开瓶就能喝,且携带方便。

为了将罐装或瓶装绿茶①与"茶叶泡出来的茶水"区分开,我们把前者统称为"瓶装绿茶"。日本形形色色的瓶装饮料中,瓶装绿茶的人气可谓出类拔萃。其实瓶装绿茶上市的时间比瓶装红茶、瓶装乌龙茶晚了好几年呢。

问题就出在"氧化"上。由于儿茶素极易氧化,泡好的绿茶会在短短几小时内变色、变味。为了抑制氧化,人们进行了各种各样的尝试,又是抽光瓶子里的空气,又是往茶水里加维生素C,摸索了许久才研制出日本市面上现在出售的瓶装绿茶,留住了清透的色泽与馥郁的风味。仔细看看瓶装绿茶的成分表,就会发现"绿茶"旁边肯定还印着"维生素C",那是用来保鲜的。

热的瓶装绿茶还面临着另一个难题:普通的瓶装绿茶基本是冷藏的,但热饮会被放置在高温环境下,氧化的风险更高。普通饮料的塑料瓶是用透气材料做的,空气的微粒子可以穿透,所以为了防止空气进入,瓶装绿茶的瓶子要比普通饮料的厚很多,两种瓶子的差别可不仅仅在于"橙色的瓶盖"哦。

注:① 不同于中国的瓶装茶饮料,日本的瓶装茶一般不含砂糖等甜味剂或其他香料等。

　　顺便提醒大家一下，就算是装绿茶热饮的瓶子，也不能直接用微波炉加热。如果里面的茶水凉了，就只能倒入其他容器里加热。由于有瓶盖，很多人会下意识地把喝了一半的茶留着。事实上，只要你喝过一口，细菌就会在饮料中繁殖起来，所以请大家尽可能把喝过的瓶装绿茶放进冰箱，但千万不要过夜。

16

日本茶一定要用热水冲泡吗?

2 ~ 3 大勺茶叶配 1ℓ 水。

放进冰箱冷藏 1 ~ 2 小时。

不一定哦，也可以用冷水冲泡。

据说"煎茶"这个名字来源于"用热水煎出来的茶"。在中医理论中，茶属于凉性食物，有去热的功效。在炎炎夏日喝热的煎茶可以起到收汗的效果，浑身都会感觉很舒服。

看到这里，肯定会有读者说："夏天已经很热了，还要我烧开水，我可受不了！"这种心情我当然能理解。一到夏天，大家总会忍不住买冰镇的瓶装绿茶，但其实在家里泡冰茶的成本更低，而且还能按照自己的喜好调节茶水的浓度。方法很简单：在1L水里放入2 ~ 3大勺煎茶，然后放进冰箱冷藏1 ~ 2小时。具体的浸泡时间要根据茶的种类调整。我们可以中途尝尝味道，觉得淡了，就多冷藏一会儿，或者多加些茶叶进去。带来苦味与涩味的成分——丹宁，易

慢慢转动水壶，等待茶叶下沉。

溶于热水，却很难用冷水泡出来，所以就算泡得时间过长，茶水的味道也不会太苦。睡前放进冰箱，就什么也不用管了，第二天早上一起床就能喝到甘甜美味的冰茶啦。只是在倒茶之前，请大家慢慢地、轻轻地转动一下茶壶，这样有助于让沉淀在壶底的茶叶味均匀地分布到茶水中。不用茶滤的话，要等翩翩起舞的茶叶重新沉下去之后再慢慢地倒。如果用购买的饮用水泡茶，那就得格外注意包装上标明的"硬度"。0～100mg/L的软水[①]更适合泡茶。

17

注：① 指的是不含或含较少可溶性钙、镁化合物的水。

日本茶的主要产地有哪些？

**静冈县是日本茶第一大产地，
紧随其后的是鹿儿岛县和三重县。**

其实"日本茶"只是一个统称。由于日本国土狭长，南北的气候有一定的差异，北至秋田，南至冲绳，每个地方都有极具当地特色的茶。

茶原本是亚热带植物，因此全年气候温暖、雨水丰富的地方最适合种茶。静冈县是日本茶的第一大产地，产量占全国的40%以上。尤其是位于静冈县南部的牧之原台地，周边没有高山，日照时间较长，冬天也几乎不下雪，非常适合喜光、喜暖的茶树。与经常起雾的地区（比如北部山区）生产的茶叶相比，牧之原台地的茶叶更加厚实，因为没有雾气遮挡直射的阳光，叶片中的苦味和涩味成分也更容易合成。人们会在加工过程中适当延长"蒸汽杀青"的时间，打造出风味甘甜温润的"深蒸煎茶"。

阳光、湿度、土的气味（质地）、水的清澈度……大自然的各种条件培育出了各具特色的茶，而人们也通过长时间的摸索，找到了最适合某种茶的加工、冲泡方法。下面就给大家介绍一下日本各地出产的茶叶吧，每一款都有鲜明的个性。

茶的味道，就是
地球的"味道"！

不同的自然条件，
孕育了各具特色的茶。

早晚温差

阳光

空气

湿度

雾

土的气味（质地）

水的清澈度

18

日本各地出产的极具个性的茶

狭山茶
琦玉县

"色在静冈，香在宇治，味在狭山。"这是狭山人代代传唱的采茶歌。狭山茶在烘焙的环节会使用比较强的火力，称"狭山烘焙"，打造出更鲜明的香味和浓郁的甜味。

伊势茶
三重县

产量日本第三。极具盛名的是香味和口感都十分出色的煎茶以及通过遮光实现了"玉露般"鲜味的冠茶。在"用于加工甜点等食品的原料茶"领域，三重县的市场份额在日本高居第一。

八女茶
福冈县

自然条件得天独厚，是日本最适合种茶的地区之一，孕育了众多顶级玉露品牌。

本山茶、挂川茶、川根茶
静冈县

拥有日本最高的茶叶产量。围绕安倍川水系分布着诸多优质茶叶产地。南部出产深蒸煎茶，北部山区盛产香气清雅的高档煎茶。

宇治茶
京都府

相传宇治田原是煎茶的发祥地，拥有生产顶级茶叶的绝佳条件，比如昼夜温差大、山区经常起雾等。因此盛产抹茶、高档煎茶等香气怡人、甘甜可口的茶品，是日本顶级茶叶产地之一。

知览茶
鹿儿岛县

茶叶产量位居日本第二。由于纬度较低，鹿儿岛县每年都是日本最先开始采茶的地区之一，4月中旬就能喝到新茶。醇厚的甜香是鹿儿岛茶叶的一大特征。坚持不懈的品种改良和各类举措也在近年显著提升了该产地的口碑。

桧山茶
秋田县

村上茶
新潟县

久慈茶
茨城县

白川茶、揖斐茶
岐阜县

朝宫茶
滋贺县

月濑茶
奈良县

美作番茶
冈山县

出云茶
岛根县

山口茶
山口县

阿波番茶
德岛县

碁石茶
高知县

嬉野茶等
佐贺县

冲绳茶等
冲绳县

秋田县

新潟县

岛根县

冈山县
京都府
滋贺县
岐阜县
埼玉县
茨城县

山口县
静冈县

佐贺县
福冈县
高知县 德岛县
奈良县 三重县

鹿儿岛县

冲绳县

18

茶壶是必需的吗?

当然不是，但是用茶壶泡茶的模样多美啊！

过去，我们总能在家里的橱柜中找到一两个茶壶。可是现在呢？很多人都没花钱买过茶壶，这辈子从没摸过茶壶的也大有人在呢。可见茶壶离我们的生活是越来越远了。

英国素有"红茶王国"之称，但大多数英国人喝的都是袋泡茶。想必在不远的未来，"用茶壶泡茶"的习惯也会渐渐淡出日本人的生活吧。诚然，只要有茶杯和茶滤，基本上就能像模像样地泡出一杯茶了。如果用茶包，那就更简单，只要有茶杯和热水就可以了。如果这样还嫌麻烦的话，就选瓶装茶吧。总之，随时随地都能买到茶喝。

然而在这样一个便捷的时代，我们也可以反其道而行，从温茶壶开始，一步一步操作，为了一杯茶费时、费力、费点心思。要养成泡茶的习惯，只有茶壶是不够的，还得凑齐用于储藏茶叶的茶筒、罐子和各类工具。可能有人会觉得"好麻烦啊……"，有的人却认为"就得享受这个过程嘛"，你是前者还是后者呢？

茶，的确是一种随性的饮品，但它也经历了岁月的洗礼，"喝茶=修身养性"的理念早已深入人心，代代相承，因此喝茶也被看作是一种高雅的爱好。而拥有专业茶具就好比通过喝茶感受传统文化的一个侧面，这也正是茶的一大魅力。日本的茶具在细腻与精美这两方面享誉世界。大家不妨先挑一件自己喜欢的茶具，让它带你走进精彩纷呈的品茗生活吧。

茶壶

挑选时要重点考察把手的手感，容量以自己平时泡的量为准。茶滤也有很多种，建议选择网眼较细、和茶壶一体的茶滤，这样更容易让茶叶舒展开。

出水口和把手呈直角。

把手在上面。容量一般偏大。

把手和出水口分别位于茶壶的两侧。常见于中式茶具与欧式茶壶。

没有把手的茶壶。用于玉露等用低温冲泡的茶。能把壶里的水倒干净，又名"一滴不剩"。

19

茶杯

挑外观或盾感合自己心意的就行。高档茶一般用小茶杯泡，所以只要备齐大小不一的茶杯就能拥有更丰富多彩的品茗生活了。

茶杯

形状、材料五花八门。

长茶杯

容量较大的茶杯。适合番茶、培茶、玄米茶等品种。

煎茶杯

小巧别致，用于品尝煎茶。

带盖茶杯

常用于正式场合。因为它有杯盖，在办公室等场合用特别方便。

汤冷

用于调节热水的温度。高档煎茶与玉露需要用温度较低的热水冲泡，将水倒进汤冷中静置片刻，温度就能下降10℃左右。

茶勺

用它把茶叶放进茶壶里。大小很关键，最好能塞进茶筒。款式多样，精致小巧。

茶托

垫在茶杯下面的盘子，招待客人时一定会用到。种类繁多，有尺寸比茶杯大一圈，可以把茶点也一起放上去的；也有布做的茶托，适合搭配冷的玻璃杯。

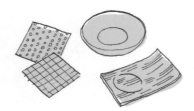

茶滤

防止茶叶渣流进茶杯。日本茶的茶壶里大都配有茶滤。如果手头没有茶壶，或者是泡粉茶的时候，茶滤就能大展拳脚了。竹条茶滤更有味道，但不锈钢的更好打理。

竹条茶滤

不锈钢茶滤

茶筒

存放茶叶的容器。建议使用盖子密闭性较好的金属茶筒。市面上有各种茶筒供大家选择，有的是在金属筒身外面贴了一层和纸①，有的是在木质容器里加了金属涂层。

注：① 古代中国所发明的"纸"通过高丽传到了日本后，以日本独特的原料和制作方法生产的具有日本文化特色的纸张。

19

冲泡日本茶有什么诀窍吗？

关键在于"水温"和"烫茶壶"。

在前面的章节中，我给出了许多关于"水温"的建议。比方说，高档茶要用低温，低档的茶要用开水……这是因为日本茶的若干种主要成分易释出的温度不同。至于带来鲜味与甜味的茶氨酸和带来苦味和涩味的儿茶素各占多少百分比，视具体的茶叶品种而定。高档茶富含茶氨酸，而茶氨酸更容易在低温环境下释出。儿茶素是高档茶、低档茶都有，但它更容易在高温环境下释出。换句话说，要是用开水冲泡富含鲜味成分的高档茶，就会泡出过多的苦味和涩味来，再醇厚的鲜味都会黯然失色。而便宜的茶没多少茶氨酸，所以才要用开水吊出其香味和爽口的苦味。

在买茶叶的地方咨询合适的冲泡温度是最方便的。但是请大家注意，如果你要用自来水泡，就得先把水烧开，去除氯等杂质。无论泡的是哪种茶叶，这一步都不能省略。等水温下降到适合这款茶叶的温度后，再倒进茶壶就可以了。

泡茶时还有一个非常关键的步骤，那就是要用刚烧开的开水烫茶壶。这既是为了杀菌，也是为了温一下茶壶，保持稍后倒入的热水的温度。相关研究显示，每一次转移容器，水温都会下降5～10℃。好不容易把热水调整到了最合适的温度，要是没提前烫茶壶，水一倒进去就会降温，前面的辛苦就都白费了。

要点 **1**

用刚烧开的热水
烫茶壶。

要点 **2**

用来泡茶的水要烧开，这
样才能去除自来水中的氯
等杂质。

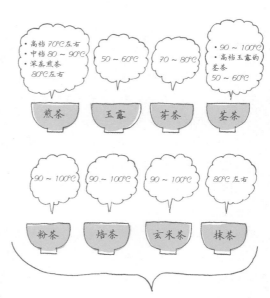

- 高档 70℃左右
- 中档 80～90℃
- 深蒸煎茶
  80℃左右

煎茶

50～60℃

玉露

70～80℃

芽茶

- 90～100℃
- 高档玉露的
  茎茶
  50～60℃

茎茶

90～100℃

粉茶

90～100℃

焙茶

90～100℃

玄米茶

80℃左右

抹茶

要点 **3**

最好在买茶叶的地
方咨询合适的冲泡
温度。

嗯嗯。

20

喝茶的规矩好像很麻烦……

多学点没坏处。做客与待客的基本礼仪得做到心中有数。

　　"不要拘泥于规矩，随性享受茶带来的乐趣"是本书的一大主题。但是在日常生活中，我们经常会碰到这样的情况：去拜访客户的时候，对方端着精心冲泡的煎茶走进会客室，茶杯还是带盖的；遇到一些特殊的场合，我们需要当好东道主，泡茶招待客人。因此在本节中，我会向大家介绍一些最基本的品茶礼仪，相信有朝一日这些知识一定能派上用场。做客的时候有两点需要格外注意：一是用双手；二是茶杯和茶托不能分离，当然，喝茶的时候例外。

　　用茶的基本步骤如下：①左手扶住茶托，右手揭开杯盖。②将杯盖往右下方转小半圈，保持杯盖能稍稍碰到茶杯的状态，用茶杯的边缘刮去附着在杯盖上的水珠。③把杯盖翻过来放在自己的右手边，切记要用双手放。④如果桌子离得比较近，就左手扶住茶托，右手端起茶杯。茶杯脱离茶托后，立刻将左手转移到茶杯的底部托好。⑤闻香品味，在茶水变凉之前喝完也是尊重主人的体现。⑥喝完后，将茶杯放回茶托，盖好杯盖。

　　那招待客人的时候又该怎么做呢？①端着装有茶水的托盘走到客人落座的地方，先把托盘整个放在桌上。②如果有茶点，先把茶点放在每位客人面前，然后再分发茶杯。③必须遵照"先客后主"的顺序，而且要从今天主宾所在的上座开始，切记要用双手，轻拿轻放。④如果用的是有图案的茶具，记得把杯盖和茶杯的图案对齐，放的时候要把正面对着客人。要是茶杯上印着各种各样的图案，搞不清哪边是正面，那就把你觉得最精美的那一面转向客人。如果用了带木纹的茶托，最好让木纹和客人的座位平行。

做客时

招待客人时

21

做客时

左手扶住茶托，右手揭开杯盖。

将杯盖往右下方转小半圈，用茶杯的边缘刮去附着在杯盖上的水珠。

把杯盖翻过来放在自己的右手边，切记要用双手放。

如果桌子离得比较近，就左手扶住茶托，右手端起茶杯。茶杯脱离茶托后，立刻将左手转移到茶杯的底部托好。

闻香品味，在茶水变凉之前喝完。

喝完后，将茶杯放回茶托，盖好杯盖。

招待客人时

端着装有茶水的托盘走到客人落座的地方，先把托盘整个放在桌上。

如果有茶点，先把茶点放在每位客人面前，然后再分发茶杯。

必须遵照"先客后主"的顺序，而且要从主宾所在的上座开始。

如果用的是有图案的茶具，记得把杯盖和茶杯的图案对齐，放的时候要把正面对着客人。

21

日本茶应该配什么茶点？

浓茶配生果子①，淡茶配干果子。

"茶点"指的是和茶水一同享用的糕点或小食。与茶相辅相成，衬托茶的魅力——这就是茶点的作用。

茶点的选择没有硬性规定，但我建议大家用羊羹、练切②、日式豆包等富含水分的生果子搭配玉露、抹茶、深蒸煎茶等口味浓郁的茶。而脆饼、烤年糕片、落雁③等含水分低的干果子，更适合焙茶、番茶等口味清淡的茶。能中和苦味，同时重置口腔环境，却不干扰茶本身的细腻香味，这才是理想的茶点。也有人喜欢在喝茶的时候吃点西式糕点或者小咸菜。浓稠的深色抹茶和苦味巧克力的组合也相当绝妙。

在茶会等正式场合用来款待客人的茶点大多富有季节感，色彩明亮，叫人心醉。如果是夏天的话，用葛根粉制成的茶点也是不错的选择。因为这种茶点通体透明，给人一种清凉的感觉，哪怕只是欣赏它的形状与色泽都别有一番风味呢。

不过在挑选茶点的时候，有一条大原则是一定要遵守的，那就是不要选带油的糕点，否则会影响茶的口感。

注：① 日语里是"点心"的意思。生果子指甜馅的、水分多、不能久放的点心。
　　② 用小豆粉和糖做的日式彩色点心。
　　③ 将砂糖压入木雕模型制成的日式点心。

浓
茶
配
生
果
子

羊羹

练切

日式豆包

大福

樱饼

日式团子

脆饼

烤年糕片

落雁

金平糖

米花糖

甜纳豆

淡
茶
配
干
果
子

22

日本茶应该如何存放？

密封包装，常温储存。

　　大家不妨观察一下茶的外包装。贮存条件一栏基本都是这么写的："阴凉通风，干燥处保存。"这就意味着要远离高温、潮湿的地方。可是，普通人家里的哪个位置算温度和湿度不高的阴凉处呢？茶最怕氧气、湿气、高温、光和异味。上面那句话，说白了就是把茶和这些东西统统隔绝。又阴暗，又凉快，还没湿气……听到这儿，大家第一个联想到的应该是冰箱的冷冻室和冷藏室吧？冰箱的确很适合长期存放尚未开封的茶。但问题是，如果冰箱真是最合适的地方，包装上肯定会直接写"请冷藏"啊！其实"阴凉处"这个词原本指的是农家的小仓房，有"通风好的临时储藏室"的意思。所以"阴凉"并不等于"比居住空间更冷"。戴眼镜的读者朋友都知道，在冬天特别冷的时候突然走进温暖的房间，镜片就会起雾。同理，要是把冷藏了很久的茶叶突然拿到室温环境下开封，茶叶的品质就会因为吸收了大量湿气而迅速变差。

　　顺便给大家介绍一下，我本人基本不会把茶叶放进冰箱。如果是开过封的袋装茶，就把袋口卷起来，用夹子夹住，再装进密封性好的罐子里，放置在常温环境下。少量多次，尽快喝光，绝不大量囤积茶叶。要是一下子收到了好多茶叶，逼得你不得不放冰箱，那么要喝的时候就得先耐心等它恢复至室温，然后再开封。

冰箱

适合长期储藏未
开封的茶。

拿出冰箱后，要耐心
等它恢复至室温，然
后再开封。

三宅式储存法

把袋口卷起来，
用夹子或其他工
具固定。

装进罐子里，放置在常
温环境下即可。取用要
少量多次，尽快用完。

23

中国茶

2

中国茶是什么样的茶?

历史太悠久,种类太丰富,无法用一句话概括。
非概括不可,那就只能说中国茶是"全球茶饮之祖"。

　　中国是茶文化的发祥地。足迹遍布世界的各种茶饮,其实大多都出自中国的云南及其周边地区。中国茶种类繁多,包括台湾和少数民族自治区的茶,足有成百上千种呢!

　　近年来,用"六种颜色"给中国茶分类的方法成为业界主流。原则上,只有以茶树为原材料的产品才算"茶",然后再按加工方法区分。

　　先来看"绿茶"。在中国,加工、消费的茶基本以绿茶为主。虽然中国绿茶的做法和日本绿茶略有不同,但比起日本,中国的绿茶文化更为源远流长。除了绿茶,还有"白茶"和"黄茶",乌龙茶算"青茶"。在中国的南方沿海地区和海峡对岸的台湾,人们更偏爱乌龙茶。第五种是大家耳熟能详的"红茶"。受减肥人士欢迎的普洱茶则属于"黑茶"的范畴。

　　除了上面介绍的这六种,我们把用茶和花、香料等"茶以外的东西"组合而成的产品称作"花茶",把一遇热水就会跟花朵一样绽放的茶称作"工艺茶"。这两种都属于"再加工茶"的范畴。还有一些植物有入药的传统,人们为方便起见也将其统称为"茶",但是为了和前面介绍的那些"以茶树为原料的茶"区别开,我们把这类饮品称为"茶外茶"。

＊ 2014年,"乌龙茶"在国内颁布的茶叶分类标准中取代了"青茶"。但是将乌龙茶归入青茶仍是业界最通用的分类方法。

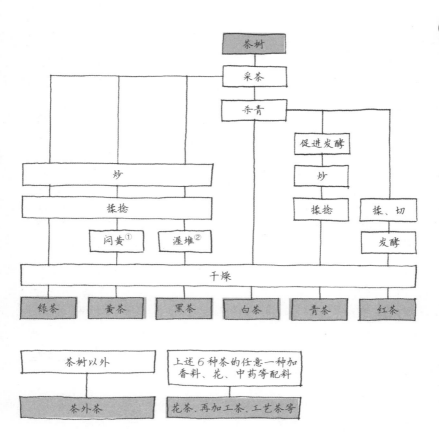

注：①用纸裹住茶叶，加盖湿布闷数十分钟至数小时，使茶坯在湿热作用下发酵，而不是借助酶发酵，于是茶叶就变黄了。
②将茶叶堆起来后洒水，打造适宜的温度和湿度，借助微生物和氧化酶使茶叶发酵。

中国的绿茶和日本的绿茶有什么区别?

都是绿茶，但加工步骤略有不同。

中国有各种各样的茶，不过普及度最高的当属绿茶。中国的绿茶和日本的一样，都属于"不发酵茶"，采下嫩芽与树叶后都会立刻用高温加热杀青，破坏氧化酶的活性。只是日本茶采用"蒸青"的手法，而中国茶以"炒青"为主，就是让芽叶与高温的金属接触。蒸过的茶有着浓厚鲜明的茶味，而炒过的茶以馥郁的香味见长。其实在明朝以前，蒸青也是中国茶的主流加工方法，只是后来人们愈发偏爱味道单纯、香味甘甜的茶，于是加工方法也随之发生了改变。

中国各地都有特征迥异的绿茶出产，哪怕只是观察、对比各种茶叶的形状都很有意思。浙江、安徽和江西的产量尤其高，都是享誉海内外的茶叶产地。喝惯了日本茶的人可能会觉得中国的绿茶太寡淡，但美妙的叶形、诱人的甜香和百喝不腻的风味才是它的魅力所在。把中国茶当成一种兴趣去研究，也不失为一桩乐事。而且中国绿茶也富含儿茶素等保健成分，在营养层面完全不逊色于日本茶。

25

"明前西湖龙井狮峰特级"
是什么茶叶?

就是清明节前在西湖边的龙井村加工的
产于狮峰的特级茶叶。

在早春时节,用手指一片一片精心采摘的新鲜嫩芽与小叶片,是中国绿茶的顶级珍品。中国人素来讲究"礼尚往来",高档茶叶自然成为理想的馈赠佳品,甚至有"买茶的人不喝茶,喝茶的人不买茶"这样的说法。

其中,最负盛名的绿茶当属"龙井茶"。在二十四节气中的"清明(4月5日前后)"之前采摘的茶称为"明前茶"。在杭州西湖西侧的龙井村加工的茶叶会带"西湖"二字证明其出身。更讲究的还会点名原材料的产地"狮峰"。越是高档的茶叶,名字就越长。

龙井茶最适合用盖碗冲泡。先把茶叶撒进去,然后倒少许热水,耐心等待热水浸透茶叶。栗子似的甜香扑鼻而来。20~30秒后,再把剩下的热水倒进去,继续等待1分钟就能享用了。

"碧螺春"是和龙井茶齐名的名茶。顶级碧螺春一遇热水就会散发出微微的柑橘香。和龙井茶一样,碧螺春也以早春时节采摘的为佳,江苏太湖畔的洞庭山是最出名的产地。由于碧螺春中的新芽是带绒毛的,容易浮在水面上,所以冲泡的时候要先把热水倒进茶杯,然后再轻轻地把茶叶撒进去。一边观察茶叶慢慢吸水下沉的模样,一边等待精华融于水中,还真是别有一番情趣。

26

什么是白茶?

只有晒青、萎凋和烘干这三道工序，
制作工艺极为简单的茶。

　　白茶是福建的特产，产量不足中国茶叶总产量的1%，非常珍贵。它是唯一无需"揉捻"的茶，因此成品保留着自然原始的形态。因为新芽披满绒毛，远看白白的，所以才有了"白茶"这个名字。

　　"白毫银针"是最高级的白茶，仅选用白毫密披、大小均匀的新芽，采摘时也特别讲究"轻采轻放"。相传白茶是在阳光下完成萎凋的，唯有白毫银针要放在月光下晾晒，可见它给人留下的印象是多么细腻柔美。毕竟白毫银针是清一色的新芽，而且没有经过蒸、炒，味道还是相当素雅的，第一次喝的人可能会觉得太淡、没什么味道。但它回甘香甜，品质好的甚至能带来强烈的清凉感，仿佛深吸了一口高原的清新空气。茶色虽淡，滋味却如红茶般温和。许多爱茶人士在尝遍各种茶叶之后，还是会回过头来选它。

　　"白牡丹"和"寿眉"也是比较出名的白茶。白毫银针只用小小的新芽，但这两种茶采的是一芽二三叶。其中的芽不乏比白毫银针用的新芽更大一些的，还有茎叶，所以总有人把它们贬成白毫银针的次品。但除了稀有度，白牡丹和寿眉并无逊色之处。有了茎叶的助攻，风味反而更加鲜明，业内甚至有"白毫银针档次高，白牡丹（寿眉）味道好"的说法。而且白牡丹和寿眉的价格也比较实惠，香港的餐厅经常用它们佐餐。

27

白茶应该如何冲泡?

把茶叶放进耐热玻璃壶。 将80℃左右的热水倒入壶中,刚好没过茶叶即可。 等待1分钟左右,让茶叶吸收水分。

诀窍是"用不太烫的热水慢慢闷"。

　　无论是绿茶还是乌龙茶,大多数茶都有"揉捻"这一道工序,就是在加压的同时揉搓茶叶。如此一来,茶叶中的有效成分就能在冲泡的时候迅速释出。可白茶偏偏没有经过这一步,所以要把白茶的精华泡出来,就得花时间去闷。另外,白茶的茶氨酸含量比其他茶更高,而这种成分易溶于低温热水,因此"用低温热水闷"是最适合白茶的泡法。

　　如果你爱喝口味偏甜的茶,不妨试着用70～80℃的热水闷上5分钟。但白毫银针这种以新芽为主的茶不能闷太久,因为新芽的纤维还很柔软,闷久了就烂了,白白糟蹋了这款茶叶特有的透明感。那该怎么办呢? 我建议大家用容易散热的玻璃水壶代替有盖子的普

再倒些热水进去,
倒到8分满。

继续闷4~5分钟。

看茶叶在水里起
起落落也很有意
思呢!

通茶壶,先放茶叶,然后分两次加水冲泡。具体的操作方法是:将80℃左右的热水倒入壶中,刚好没过茶叶即可。等待1分钟左右,让茶叶吸收水分,再倒些热水进去,倒到8分满,继续闷4~5分钟。200ml热水配5g茶叶刚刚好。

在中医理论中,白茶是凉性的,能去热降火,却不会造成体寒,还有防癌、解毒、缓解牙痛的功效。白毫银针甚至能用作麻疹患儿的退烧药。白茶是越陈越有效,素有"一年茶、三年药、七年宝"的说法。据说白茶中所含的成分还有抗衰老、美白的功效,因此受到了日本和欧美很多年轻女性的欢迎。

28

什么是黄茶?

顾名思义，就是茶叶和茶水都是黄色的茶。

　　日本人就不用说了，即便是"茶叶大本营"——中国的爱茶人士，都很少有经常喝黄茶的。在前面章节介绍的六类中国茶中，黄茶的产量和流通量是最低的，能把它的风味解释清楚的人更是凤毛麟角。那么，黄茶怎么就成了茶的六大类之一呢？

　　黄茶是历史悠久的贡茶，有着傲人的业绩，而且它的加工方法明显不同于其他几类茶，特征极为明显。加工黄茶也需要经过采摘、杀青、揉捻、烘干这几个基本步骤，只是中间多了一道费时费力的工序——闷黄。简单来说，就是用纸把茶叶包起来，稍微闷一下。这是黄茶的关键工序，孕育出了其极具深度的独特风味。茶多酚会在这个过程中悄然氧化，于是茶叶和泡出来的茶水都会变黄，"黄茶"因此得名。

　　最出名的黄茶叫"君山银针"，只选用最嫩的新芽。只是这款茶的年产量极少，据说不足1吨。但现在，却很容易在市面上找到……不知道大家有没有参透其中的玄机呢？如果在店里看到100g君山银针只要一千日元，那就很有可能是商家用变质发黄的绿茶以次充好。

29

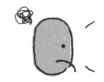

青茶是"青色的茶"吗？

我们用"青"字形容因氧化变成深绿色的茶叶，但青茶这个词强调的其实是发酵程度与加工手法。

　　青茶明明很常见，可真有人问起"青茶到底是什么啊"，你就会发现解释起来没有那么容易："它是一种半发酵的茶，或者说是部分发酵的茶……""发酵程度有高有低，烘焙力度有强有弱……"

　　如果说青茶就是乌龙茶吧，倒也简单粗暴。从分类的角度看，乌龙茶的确是青茶，但青茶不一定等于乌龙茶，定义有些模棱两可。在本书中，我们姑且按"青茶=乌龙茶"来介绍。然而，绿茶和红茶的发酵程度是非常明确的（前者是不发酵茶，后者是全发酵茶），可青茶不然，从发酵程度接近绿茶的，到发酵程度接近红茶的，什么样的都有，涵盖的范围很广，从而造成了"对青茶的印象因人而异"的窘境。

　　相传青茶发源于福建武夷山，那里因风景壮丽如水墨画而闻名，至今仍是青茶的头号产地。饮用青茶的文化还传到了与福建隔海相望的中国台湾，传承至今。中国大陆产的茶叶和台湾产的茶叶统称为"中国茶"，但本书会分别介绍海峡两岸的特色茶叶。

　　由于日本某大型饮料厂商推出的瓶装乌龙茶实在太出名了，以至于日本人一听到乌龙茶，就会联想到"稍微有点涩的褐色饮品"，殊不知正宗的乌龙茶其实有缤纷多彩的颜色与风味。从这个角度看，青茶可谓是让人眼花缭乱的名茶宝库。

乌龙茶是怎么来的？

中国民间的传说是这样的……

相传很久以前，福建安溪有个打猎能手，姓苏名龙，因他长得黝黑健壮，乡亲们都叫他"乌龙"。有一年采春茶的时候，乡亲们都忙得不可开交。乌龙也腰挂茶篓，身背猎枪帮着采茶。采到茶篓都装满了，只见一头鹿突然蹿出来。乌龙毕竟是猎人，按捺不住激动的心情，撂下茶篓追进了山林。好容易捕获猎物的时候，已经是傍晚了。他扛着猎物得意洋洋地回家，感谢上天的恩赐，与家人品尝野味，吃完了才想起放在山上的茶篓。翌日清晨，乌龙回到山里一看，竟发现放置了一夜的绿叶已经染上了一层淡淡的红色，散发出阵阵果香。做成茶叶一泡，滋味格外香甜浓厚，全无往日的苦涩。

后来人们经过反复的研究，终于研制出了品质卓越的茶类新品——乌龙茶。中国台湾的乌龙茶迎合了现代人的喜好，口味清淡，而历史更悠久的中国大陆乌龙茶更能让人感受到岁月的沉淀，颇有威风堂堂的韵味。

1 猎人"乌龙"在采茶的时候发现了一头鹿。

2 乌龙打到了鹿，回家以后才想起自己把茶篓忘在山里了。

3 第二天一早跑回山里一看，天哪！绿色的茶叶已经染上了红色，散发出阵阵果香。

4 做成茶叶一泡，滋味格外香甜浓厚，全无往日的苦涩！

31

岩茶是用石头做的吗？

当然不是啦！只是茶树长在石缝间而已。

　　中国大陆的乌龙茶可以分成三个大类：闽北乌龙、闽南乌龙和广东乌龙。"闽"是福建的简称，闽北和闽南分别指福建的北部和南部。闽北最出名的茶莫过于世界遗产武夷山的"岩茶"了。武夷山有"奇秀甲东南"的美誉，号称三十六峰，九十九岩。茶树就扎根于峻岭的石缝间，从富含矿物质的土壤吸收养分。高质量的岩茶回甘清甜持久，人称"岩韵"。大红袍、铁罗汉、水金龟和白鸡冠是最出名的岩茶品牌，有清代四大岩茶之称，其中等级最高的当属大红袍。大红袍的母树都是400多岁高龄的老树，全部加起来也没几棵。因此这些大红袍母树作为古树名木被列入世界自然与文化遗产。据说每年用母树加工的茶叶不过500g。

　　我们这些老百姓是不可能喝到"原版大红袍"的，除非有奇迹发生。目前在市面上流通的大红袍原则上应该是"以扦插繁育的形式继承了母树DNA的茶叶"，但我们平时能买到的"大红袍"十有八九连"克隆版"都不是。

　　相传古时候大红袍茶树生长在悬崖绝壁上，人爬不上去，于是就训练穿着红衣服的猴子采茶，所以武夷岩茶的包装上常有穿着红背心的猴子。

32

铁观音茶喝了能补铁吗？

喝铁观音补不了铁，但深度烘焙的铁观音能让身体由内而外暖和起来。

安溪铁观音茶产于福建南部，是闽南乌龙中最具代表性的一种。"铁观音"既是茶名，也是茶树品种名。拜某大型饮料厂商的广告所赐，铁观音在日本一夜成名，很多日本人误以为铁观音就是乌龙茶的代名词，甚至以为中国遍地都是铁观音。诚然，铁观音在中国大陆和中国台湾都很出名，无奈它生长缓慢，环境适应能力也不强，能种的地方并不多，在台湾更是稀少。

那么"铁观音"这个名字是怎么来的呢？民间流传着这样一个传说：话说清朝的时候，有个笃信佛教的茶农。一天晚上，观音菩萨出现在他的梦中，告诉他山崖上有一棵味如兰花的茶树。第二天，他按照观音说的一路找去，果然找到了茶树。他把树挖回了家，种在一口铁锅里，悉心照料。种出来的茶叶如观音一般典雅芬芳，滋味醇厚如铁，故名"铁观音"。

这个传说也从侧面体现出乌龙茶原本是一种用大火烘焙而打造出浓厚滋味的茶。但是现代的乌龙茶整体朝着不烘焙或轻度烘焙的方向演变了，所以安溪铁观音也变成了颜色翠绿、风味清爽的茶。倒是从福建传到台湾的铁观音还秉承着两百多年的传统，采用炭火烘焙的加工手法，一烘就是几十个小时。

33

有哪些风味不同寻常的乌龙茶？

试试"凤凰单丛茶"吧。香味绝对能让你眼前一亮。

如前所述，中国大陆的乌龙茶可以分成三大类，主要产地在广东的叫"广东乌龙"。其中最著名的一种叫"凤凰单丛茶"，用传说中的神鸟命名。因为它的产地是广东潮州的凤凰山，那里景色宏伟，山形犹如凤凰展翅。

单丛是"单株茶树"的意思，按原来的定义，茶叶必须是从一棵茶树上采摘下来的，而不是来自广阔茶园中的许许多多棵茶树。这样的茶叶不可避免地成了稀缺资源，价格自然不会低。真正的单丛的确够浑厚，有深度，能感觉到茶树固有的生命力，绝对值一个好价钱。在茶叶与热水相遇的那一刻，它会释放出惊人的果香，甜得诱人，好似玫瑰香葡萄，又像熟透了的水果香，直教人纳闷："这真是乌龙茶吗？"

优质的凤凰单丛茶几乎没有涩味，唯有清冽的苦味会在刹那间扫过舌尖。第一次喝这种茶的人往往会沉迷于它的清冽香气。而且凤凰单丛茶的香味是因树而异的，有蜜兰香、黄枝香、桂花香等类型。虽然外形酷似武夷岩茶，是看上去很硬气的干燥茶叶，但每一款凤凰单丛茶都拥有细腻柔美的香气。

顺便提醒大家一下，干燥的凤凰单丛茶叶几乎不会散发出花果香，如果还没泡就闻到了香味，那就得怀疑一下茶叶是不是用香料加工过了。

34

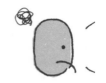

台湾高山茶是什么茶？

一款享尽天时地利的台湾茶。

　　如果你对台湾茶感兴趣，逛起了茶叶专卖店，那你一定会在货架上发现印有"台湾高山茶"这几个字的产品。其实"高山"不是品种名，也不是特定的产地名，而是种植地区的统称。我们一般以海拔1000m为界，高于这个海拔线的茶园种出来的茶就是"高山茶"。其中也包括茶园海拔高于2000m的稀有茶。虽然人们也会在高山地区种植白茶、绿茶等品种，但这些高山茶的名字里往往会带品类名，比如高山白茶、高山绿茶。只写"台湾高山茶"的，基本可以认定它是乌龙茶。

　　日本人一听到海拔1000～2000m的地方，大概就会联想到一批以优质粉雪著称的滑雪场吧。既有清新的空气，又有昼夜大温差，没有比这更能种出好茶的环境了。著名的高山茶产地还有一个共同点，那就是被比它更高的高山环绕。这些条件凑到一起，便造就了茶园上空的雾气。潮湿的气流沿溪谷一路上升，一旦飘到海拔1000m以上，水蒸气就会凝结成雾。雾能阻挡阳光直射，让茶叶变得更鲜美。高山茶的品质也完美体现了这些得天独厚的自然条件。

　　基本上，茶叶的价格与茶园的海拔成正比，但是除了茶叶本身的滋味和香味，稀有度也对价格产生了极大的影响。

1000 ~ 1200m
色泽碧绿，香味高雅。

1000 ~ 1400m
甜味温润，花香扑鼻。

1600 ~ 1800m
碧绿清新，香气通透。

1500 ~ 2400m
风味清澄，香似柑橘。

2200 ~ 2600m
香气丰盈，甜味醇厚。

35

冻顶乌龙茶真的能治花粉症吗？

能！但这并不是冻顶乌龙茶的专利。

中国台湾南投县的鹿谷乡地处台湾本岛中部，被中央山脉所环绕。它是各种动植物的栖息地，拥有壮丽的风景。

话说很久以前，有人把福建武夷山的茶树带到了台湾。同一批树种被分别栽种在不同地方，但鹿谷乡冻顶山的自然条件最为优越，培育出了质量最好的茶。一百五十多年过去了，"冻顶"成了台湾最著名的乌龙茶品牌，享誉世界。起初，人们只把产于冻顶山的茶叫做"冻顶乌龙茶"，可是随着"冻顶"二字的品牌号召力不断提升，这个名称覆盖的范围也逐渐扩大，从冻顶山扩大到了冻顶山附近，又从附近扩大到了周边……现如今的茶叶市场，台湾产的茶叶就不用说了，甚至还有以"冻顶"自居的廉价茶叶。于是，冻顶乌龙茶就成了台湾最出名、质量也最参差不齐的茶。

不知何时起，"冻顶乌龙茶能治花粉症"的说法在日本流传开来，引起了巨大的反应。这种说法是怎么来的呢？据说是茶叶里富含的儿茶素有抑制过敏反应的功效。问题是冻顶乌龙茶不是唯一含有这种成分的茶，所有乌龙茶都有。无奈冻顶乌龙茶的知名度实在太高，就被炒作成了"花粉症的救世主"。这么一炒作，市面上就出现了大量假冒伪劣的冻顶乌龙茶。

　　"法棍"不一定是法国产的，"比利时华夫饼"也不一定是比利时产的，对吧？也许把冻顶乌龙茶单纯地看成一种"台式茶叶"，才不会晕头转向。正宗的冻顶乌龙茶也有许多种类，按发酵程度和烘焙程度区分。最近市场上的主流是极浅的发酵加轻度烘焙，这样加工出来的乌龙茶有着清新的花香与甘醇的滋味，谁喝了都会留下深刻的印象。

36

真有闻着像蜂蜜的乌龙茶吗?

当然有，最出名的一款叫"东方美人"。

　　"东方美人"是台湾名茶中的名茶。英国的维多利亚女王也非常中意这款产自东方的乌龙茶，还给它起了个名字，Oriental Beauty。

　　东方美人的采摘季在每年的6月。台湾的六月是什么概念呢？每天的最高气温都超过30℃，已经完全入夏。夏摘的茶叶在阳光的灼烤下通常偏涩偏苦，论档次往往不如春摘与冬摘的茶，但东方美人是个例外。以糟蹋稻米著称的害虫"浮尘子①"会在炎热的六月大肆袭来，叮咬茶树，吸食茶叶的精华。而且它们偏偏爱咬最值钱的嫩芽。照理说，被咬过的茶叶肯定没法拿出去卖，但东方美人的"十八变"从这一步才刚刚开始……据说被浮尘子咬伤嫩芽的茶树为了吸引害虫的天敌，会分泌出一种天敌爱闻的物质。茶农用指尖小心翼翼摘下被叮咬过的嫩叶与嫩芽，再经过一系列的加工处理，便有了我们杯中的东方美人。

　　加工过的茶叶会散发出非常鲜明的蜂蜜香。一碰上热水，就会源源不断地散发出各种复杂而妖艳的香味，有肉桂香、柑橘香等，这款茶的发酵程度与红茶相近，所以用开水冲泡也没问题，但茶叶里要是有很多嫩芽，还是把水温稍微调低一点为好。这样冲泡出来的茶水会更晶莹剔透，甜味也会更明显哦。

注：① 茶小绿叶蝉。俗称浮尘子、叶跳虫，发生普遍，全国各产茶省、自治区
　　　均有发生。

37

哪款台湾茶最适合新手？

台湾茶的品种丰富，风味各异，为大家介绍几款最具代表性的吧。

先说"文山包种茶"。这种茶冲泡后呈淡淡的金黄色，和绿茶有几分相似，但它的香味明显不同于绿茶。包种茶本来是"加香茶"，人们会在加工过程中让茶叶吸收花香，只是现在已经没有这道工序了，因为茶叶本身就散发着诱人的花香。

再看著名的"铁观音"。中国大陆的铁观音多以花香见长，而台湾铁观音却有独特的熟果香。这是因为台湾保留了铁观音刚传入时的加工方法——用炭火进行长时间的烘焙。烘焙是一道非常考验工匠水平的工序，只有最恰当的火候才能将铁观音的魅力提升到极致。

然后是"金萱茶"，也称"台茶12号"，是近年杂交而成的改良品种。它有着近似香草、牛奶的天然香味，欧美人管它叫"Milky Oolong（奶香乌龙）"。不过请大家多留个心眼，如果茶叶还没沾水就散发出了强烈的香草甜香，那就意味着它很有可能是人工添加过香味的产品。

还有"翠玉茶"，被称作"台茶13号"，也是改良品种。翠玉茶有"天然茉莉花茶"的美誉，因为茶叶本身就有茉莉花般的清香。

最后是"四季春茶"。这款茶是台北市木栅地区的茶树自然杂交的产物，它的特征（浓香与回甘）非常鲜明，很适合初次尝试台湾茶的朋友。翠玉茶与四季春茶可以从早春一直采摘到晚冬，采摘期很长，高山、盆地都能种植。产量高、采摘易于机械化等原因让这两款茶的价格相对低廉，当然，这也是它们特有的魅力之一。

38

台湾乌龙茶的命名方式有哪些？

品种名、产地名等元素混在一起，可能是有点绕。

　　台湾茶种类繁多，个性各异，茶树的品种、发酵程度、加工方法都会对成品的特质产生影响。只是命名方式并没有统一的规则，辨认起来可能有些费脑筋。

　　好比冻顶乌龙茶就是将产地名用作了商品名，其实它的树种名叫"青心乌龙"。文山包种茶是产地名与加工方法的组合：产地是台北市文山地区，取"文山"二字。"包种茶"指的是发酵程度非常低的青茶。这款茶使用的树种和冻顶乌龙茶一样，也是青心乌龙。再看木栅铁观音茶，这是把产地名和树种名凑到了一起。产地是文山地区的木栅，树种是铁观音。阿里山茶、梨山茶等著名的高山茶用的都是产地名，主要树种都是青心乌龙。金萱茶、四季春茶和翠玉茶是近年改良出来的新品种，直接拿品种名当商品名用。"东方美人"则是彻头彻尾的商品名，树种以青心乌龙和青心大冇为主。

　　另外，即便是产地、品种、加工方法完全相同的青茶，成品的风味也会随着发酵程度和烘焙程度变化，而且这两种"程度"并没有严格的量化标准。好比冻顶乌龙茶，就有深度烘焙、无烘焙等类型，风味相差极大。平均标准当然是有的，但各种元素的排列组合千变万化，所以初学者在选购台湾乌龙茶这一大类的时候难免会有些不知所措。

39

红茶的原产地是英国吗？

英国的红茶文化是比较出名，但它并不是红茶的原产国。

名牌瓷器、银茶勺、下午茶……长久以来，英国为红茶文化的发展做出了巨大的贡献，所以在很多人心目中，红茶和英国画上了等号。那红茶的发祥地也是英国吗？大家不妨琢磨一下茶的定义——茶，多年生常绿树，种植范围在北纬38°与南纬45°之间。由此可知，地处北纬50°～60°的英国根本无法种植茶树。不过印度与斯里兰卡曾是英国的殖民地，也有种茶的传统，那它们是不是红茶的发祥地呢？也不是。事实上，这两个国家的茶树几乎都是从中国引进的，加工方法也是跟中国学的。没错，红茶的老家也在中国。

世界各国对红茶的称呼就是最好的佐证。英国是black tea，荷兰是thee，德国是tee，法国是the，意大利是te，西班牙也是te，匈牙利是tea，瑞典是te……这些"t"开头的单词都是由闽南话的"te（茶）"演变而来的，通过海路引进茶叶的国家，茶的发音基本都是这种规律。另一种规律是"ch"打头的，俄罗斯是chai，伊朗是cha，土耳其是chay，波兰是chai，蒙古也是chai……俄罗斯、中近东和东欧的一部分国家当年是通过丝绸之路等陆路接触到茶叶的，所以采用了"茶"的粤语发音"cha"。

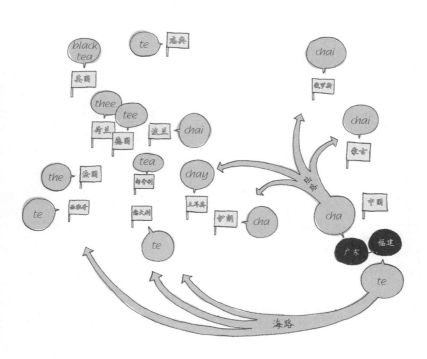

40

有股正露丸味道的红茶，
是什么茶？

也许是碰上了风味不太合你口味的"正山小种"。

"正山小种"是一种个性非常鲜明的红茶，喜欢的人爱得不行，讨厌的人碰都不想碰。这样的茶怕是很难找到第二种。

"人类有史以来发明的第一种红茶"也是它闻名于世的原因。加工正山小种时需要用松针或松柴将茶叶熏干，通过这道独特的工序，松树的精油便渗入了茶叶，孕育出绝无仅有的奇妙风味。由于熏出来的松香味和喇叭形商标的正露丸的主要成分非常相似，使得不少人对正山小种抱有不太好的印象，认定"这茶闻起来是正露丸的味儿"。有人说，这是因为商家为了强调产品的特色，故意把浓烈的松香味熏进了出口外国的茶叶。还有人说欧洲贵族为了在上流社会装茶叶行家，会特意挑香味带着异国情调的正山小种喝。

其实，高质量的正山小种本该有类似桂圆的香味，喝着也有浓郁的香甜果味。有些人第一次喝就遇上了好茶，于是便一发不可收拾。在17世纪的英国，人们一度将正山小种称为"Bohea"。这个单词原指因岩茶闻名的"武夷山"，可见这种茶在当时还是很受追捧的，享受着"来自中国的顶级好茶"的待遇。

41

全世界最有名的中国红茶是哪种？

应该是世界四大红茶之一"祁门红茶"吧。

祁门红茶的产地是安徽祁门县。据说那里原本是著名的绿茶产地，为了出口茶叶到欧洲才转型生产红茶。我在前面刚为大家介绍了福建的正山小种，这种茶属于"小种红茶"。而产地在福建以外、采用传统加工方法的红茶称"功夫红茶"。"功夫"二字的潜台词是费时费力，小心翼翼地人工采摘仍是功夫红茶的主流。有人说祁门红茶模仿了正山小种，不过功夫不负有心人，这款茶在国外的口碑是一天好过一天，如今已经成了和阿萨姆红茶、大吉岭红茶、锡兰高地红茶齐名的"世界四大红茶"之一。

祁门红茶在英国更是顶级红茶的代名词，听说女王陛下过生日的时候都要泡上一杯以示庆祝呢。品质卓越的祁门红茶没有丝毫杂味，唯有神似兰花与玫瑰的花香和甜味在口中扩散。加牛奶喝也相当不错，但我建议大家先尝一口清茶，感受一下那极具透明感的风味。只是有一部分廉价的祁门红茶带有浓烈的熏香，很容易和劣质正山小种混淆。

顺便介绍一下，英国人川宁（Twining）在20世纪初为当时的王储调制了一款叫"威尔士王子茶"的产品。这款茶起初就是用祁门红茶打底的哦。

42

中国大陆的红茶和台湾地区的红茶各有什么特征？

大多甜香扑鼻，涩味不重，喝着很舒服。

　　除了正山小种、祁门红茶这样的主流品种，其他中国红茶在日本并不常见。不过近年来，中国海峡两岸都掀起了"红茶热"。受这种潮流的影响，日本的茶叶专卖店里也能轻松找到各种各样的中国红茶。下面就为大家介绍几款比较有特色的中国大陆红茶和台湾红茶吧。

　　首先是"九曲红梅"。它和之前介绍过的龙井茶一样，产自浙江，以独特的鲜味和清爽的口感著称。相传在战火纷飞的年代，一批茶农从福建逃去了浙江，研制出了这种红茶。"九曲"二字取自福建武夷山的"九曲溪"。故乡是回不去了，但故乡的花儿承载了茶农们的无限乡愁……多么凄美的名字啊。

　　然后是"滇红"，这款名茶中有大量的嫩芽，每一根都是金光闪闪，耀眼万分。浓烈的香味也是它的特征。嫩芽表面长着绒毛，茶的特殊成分一旦附着在这些绒毛上，发酵后的嫩芽就会变成亮眼的金色，人称"金芽"。许多中国红茶跟滇红一样，主打嫩芽。

　　再看"金骏眉"，它是一款品质卓越的超级正山小种，在进入21世纪后开始席卷市场，打动了无数中国茶爱好者。金骏眉产自武夷山区海拔千余米的高地，精选最稀有的新芽加工而成。滋味浓郁，香气芬馥，回味无穷。

　　最后是"红玉"，它产自风光明媚的日月潭畔，是档次最高的红茶之一。与印度、斯里兰卡的红茶相比，台湾红茶的气质要更细腻一些，更具"东亚茶叶"的风范。红玉还以复杂的香气见长，闻起来仿佛是在玳瑁糖①的甜香里加了些薄荷和肉桂。

注：① 一种日式粗点心。由于其颜色呈琥珀色，晶莹剔透，好似玳瑁龟甲一般，而且形状也是龟壳一样的圆形。

43

什么是黑茶?

简单来说，就是发酵过的绿茶。

    最出名的黑茶莫过于普洱茶。20世纪90年代风靡日本的"减肥茶"其实就是普洱茶。据说这减肥茶特别神奇，喝两口就能瘦，有些还能通便，比泻药还猛。威力如此巨大，不瘦才怪呢。可聪明人仔细琢磨一下就会意识到，一喝就拉的东西肯定是"毒药"啊！现在市场已经规范了很多，见不到这种性质恶劣的害人产品了。

    普洱茶原本是中国少数民族的饮品，在日本的认知度的确还不是很高。普洱茶可以分成"生茶"与"熟茶"。前者是新鲜茶叶采摘后以自然的方式陈放，后者是人为加湿提温，促进空气中的微生物繁殖，加快发酵进程，加工起来不那么费时间。能在日本买到的普洱茶基本都是熟茶。

    21世纪初期，中国掀起了一股空前的"普洱热"，优质老茶被炒到了每500g数万人民币的天价。许多日本人误以为普洱都是越陈越值钱，殊不知只有"生茶"才能享受这种待遇，人工催熟的"熟茶"不存在"陈年老茶"的概念。另外，带霉味的熟茶是不恰当的发酵造成的，优质普洱茶绝不会有疑似臭脚丫子的味儿。

    顺便给大家普及一下，"黑乌龙茶"不是黑茶，而是"乌龙茶"。英语中的"Black Tea"也不是黑茶，而是"红茶"。

哪个是黑茶?

黑乌龙茶

Black Tea

减肥茶

普洱茶

44

茉莉花茶是用茉莉的花和叶子做的吗？

不是，茉莉花茶是吸收了茉莉花香味的茶叶。

用鲜花熏制的茶叶，或是在茶叶中加入了花瓣、中草药等配料的茶被称为"再加工茶"。其中，最为人所知的就是"茉莉花茶"，备受中国华北地区茶友的喜爱。

外国人总以为中国遍地都能种茶，殊不知中国虽为全球头号产茶国，首都北京却因为纬度太高无法种植茶树。早在隋唐时期，人们便开凿了南起余杭（今杭州），北至涿郡（今北京）的京杭大运河，大量的绿茶通过这条水路运往京城。无奈古代的运输技术还很落后，京城还没到，茶叶的品质就大打折扣了。如何掩盖瑕疵呢？古代人想了个办法，那就是让茶叶吸收花香。另外，"北京没有好水"恐怕也是茉莉花茶受欢迎的原因之一吧。且不论这种茶究竟是怎么来的，反正现如今"茶叶+茉莉花"已经成了世界通用的标准组合。

虽然现在市面上也有很多用人工香料加工的低档茶叶，但是用吸收了天然花香的优质茶叶做成的高档茉莉花茶有着无比温柔的风味，保证你喝过一次终生难忘。当然，影响品质的关键还是熏制花茶的茶坯。是甘甜还是苦涩，是鲜美还是难喝，全都取决于茶叶本身的品质。在熏制的过程中，白色的茉莉花会受热度影响而逐渐变成红色。照理说完成使命的花瓣与花蕾是会被剔除的，但人们有时也会在熏制后加入新鲜嫩白的花瓣作为点缀。

45

除了茉莉花茶，还有别的花茶和再加工茶吗？

种类繁多，比较出名的有桂花乌龙茶、荔枝红茶、人参乌龙茶、玫瑰红茶、玫瑰绿茶、工艺茶等。

夏天的炎热悄然褪去，天气日渐转凉的时候，我总想来一杯吸收了桂花香的"桂花乌龙茶"。桂花在日语中写作"金木犀"，日本的金木犀和中国的桂花在香味层面略有差异，后者更具花朵的柔美。相传绝代佳人杨贵妃就很喜欢这种香味，而且桂花有着悠久的入药传统。日本某大型化妆品公司还公布了一项研究结果，称桂花香有温和的减肥效果，这也进一步提升了桂花乌龙茶的人气。

"荔枝红茶"是有着荔枝香味的红茶。用人工香料加工的产品会散发出口香糖般的浓烈香味，但是用天然果汁加工的就不一样了，那温润的甜香直教人欲罢不能。

然后是"人参乌龙茶"。在中医体系里，人参有"上药"的美誉，"主养命以应天"。用如此宝贵的药材加工而成的乌龙茶自古以来就是备受欢迎的再加工茶。这种茶在日本属于"保健茶"的范畴，据说有消除浮肿和改善体寒的功效。加工方法不止一种，有的是把人参磨成糊状，倒在茶叶上烘干，有的则是把人参粉末直接撒在高档茶叶上。

"玫瑰红茶"与"玫瑰绿茶"也是很受欢迎的再加工茶，是茶叶和蔷薇科的玫瑰花的强强组合。一倒热水就有花朵在水中绽放、跃动的"工艺茶"（详见P110）也是一款很受欢迎的再加工茶哦。

放松身心。　减肥刮油。

桂花
乌龙茶

改善体寒。　缓解压力。

压力

荔枝
红茶

消除浮肿，　缓解更年期
改善体寒。　症状。

人参
乌龙茶

调节内分泌。

激素　激素

玫瑰红茶　玫瑰绿茶

预防感冒与食物中毒。

工艺茶

46

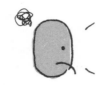

那种"一泡就开花"的茶，是什么茶？

这叫"工艺茶"。把热水倒进杯子，"水中花"便会悄然绽放。

    工艺茶并不是直接烘干的天然花朵，而是用绿茶的嫩芽将花围起来，再用丝线捆扎，才有了造型各异的"水中花"。先把柔软的嫩芽串起来，再把同样用丝线处理过的花塞进茶座。历经塑形、烘干等工序的工艺茶会在遇到热水时慢慢松开，于是茶座里的花就"开"出来了。包围花朵的绿茶一般会用茉莉花熏制一番，不过某些特殊类型的花只能用普通绿茶衬托。无论绿茶有没有熏制过，阳光都是它的头号天敌，所以请大家务必选购带遮光包装的产品。茶座中的花有着比茶叶更高的含水量，这些水分势必会影响到茶叶，因此工艺茶一定要趁新鲜泡，千万别因为它外观讨喜就舍不得喝。

    下面为大家介绍几款比较出名的工艺茶吧。首先是香味柔和的百合花与甜香扑鼻的桂花组成的"丹桂百合"。热水一入杯，浅橙色的百合微微荡漾，更有细小的桂花在水中飘舞。然后是"锦上添花"，这是一款以绿茶为茶座，以菊花为内饰的工艺茶。据说喝菊花茶可以缓解眼部疲劳。扎成草帽状的绿茶没有添加香味，更能突显菊花的清香。最后是"茉莉仙女"，泡开后会有一串白色的茉莉花盛放在水中，特别养眼，搭配细长的玻璃杯别提有多好看了。工艺茶的历史不是很长，除了上面介绍的这几种，每年都有新花样登场，热闹得很。

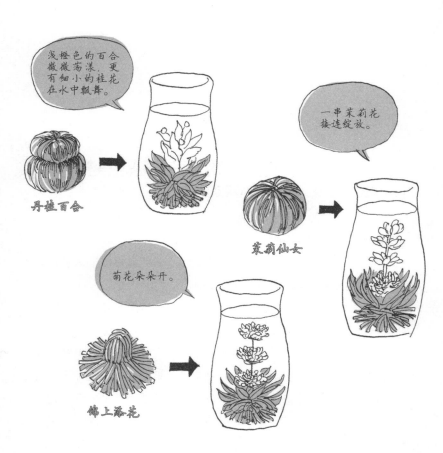

什么是八宝茶？

枸杞、菊花、红枣、山楂等中药材加上绿茶、乌龙茶等茶叶，再加入冰糖，就成了八宝茶。

八宝茶本是回族的传统饮品，是丝绸之路让它走进了千家万户。它以各种中药材为主，搭配冰糖等带甜味的食材，是适合在炎炎夏日饮用的保健茶，有助于补充水分与体力。

"八"字泛指"多"，并不是八种材料的意思，"八宝饭"也是如此。不同地区、不同季节能买到的药材是不一样的，要凑出一杯八宝茶还真不容易，不过现在市面上已经有搭配好的小包装八宝茶了。一袋就是一杯茶的分量，打开包装，把东西都倒进杯子，用热水冲泡即可，操作起来跟茶包一样方便。即便是在争分夺秒的早晨，也能随手泡上一杯，用中药的精华为身体充电吧。而且八宝茶不是泡一次就没味了，一包可以泡好几杯，这也是它的魅力所在。

八宝茶的组合方式并没有硬性规定，找些容易买到的药材，自己搭配着喝也很有意思。下面会为大家列出最具代表性的几款药材和它们的主要功效。泡过水的药材基本都可以直接吃哦。

枸杞

降血压、降血糖。

红枣

放松身心，
缓解过敏症状。

龙眼

补充元气，
缓解疲劳。

菊花

缓解眼部疲劳。

金银花

清热解毒，
抗菌防病。

陈皮

止咳开胃。

玫瑰（花蕾）

美容养颜，
调节内分泌。

莲心

平心静气，
滋补身体。

山楂

促进消化吸收。

银耳

滋润皮肤。

茉莉花

舒缓身心，
美容养颜。

葡萄干

促进血液循环。

48

中国的茶壶有什么特征？

茶壶在中国是泡茶的必需品，种类多样。

中国的茶壶大小不同，形状各异。有容量不足100ml的迷你茶壶，也有超过500ml的大家伙。材质有陶器、瓷器、玻璃等类型，价格区间更是广泛，下至几十、几百人民币，上至好几万人民币，什么样的都有。"掌中宝"似的小茶壶特别适合冲泡茶叶蜷起来的乌龙茶。至于普洱茶和其他一次要喝很多的茶，还是选容量更大些的茶壶为好。需要用开水冲泡的红茶、黑茶和一部分青茶最好配保温性能好的陶瓷茶壶，而绿茶、白茶和黄茶要用低温热水冲泡，容易散热的玻璃茶壶会更合适一些。

第一次选购茶壶的时候，请大家重点检查三点：①拿着是不是称手？②俯视时，出水口和把手的顶端是不是在一条直线上？③轻轻旋转壶盖，转起来顺不顺滑？市场上要价高昂的茶壶也不在少数，希望大家在店里挑选的时候务必小心谨慎，一是不能直接用手接或递，二是不能敲。无论是店员给你茶壶的时候，还是把茶壶还给店员的时候，都要先把东西放在桌子之类的平面上，千万不能"手对手"，避免出现"手滑摔了茶壶"的情况。万一有个闪失，也不至于说不清楚。

那为什么不能敲呢？有人说，挑茶壶的时候就得用壶盖轻轻敲击壶身，听声音判断产品的质量。可是壶盖的内侧是茶壶上上下下最容易损坏的部分之一，所有万万敲不得。除了茶壶，中国茶还有其他配套的茶具，下面就为大家介绍几款具有代表性的吧。

茶壶

陶壶

档次最高的陶壶莫过于紫砂壶。紫砂壶不能用清洁剂洗。通过反复冲泡，茶叶的成分与香味会渐渐渗透到茶壶中。至于外侧，可以用软布等工具擦拭抛光。这个过程叫"养壶"。

瓷壶表面光滑，便于打理，能直接呈现出茶叶原原本本的香气与味道。

瓷壶

能透过壶身看到茶水的颜色，所以色泽美、加了花朵等配料的花茶最适合用玻璃壶冲泡。相较于其他茶壶，玻璃壶还有散热快的特征。

玻璃壶

49

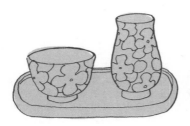

茶杯、闻香杯

右手边的高杯叫"闻香杯"，在日本不太常见。主要用于台湾乌龙茶等香味浓郁的品种，是专门用来享受香味的茶具。使用方法是先将茶水倒入闻香杯，再把闻香杯中的茶水转移到茶杯里，享受闻香杯中的残香，最后品尝美味的茶水。

盖碗

上有盖、下有托、中有碗的茶杯。倒入热水后稍微闷一会儿，然后将碗盖斜扣在碗上，留出一道缝隙，端碗饮用。也可以当茶壶用。

茶荷

放置待泡干茶叶的器皿。鉴赏茶叶、确认茶叶品质时也可以使用。

茶海

将茶壶里的茶水先倒入茶海，再分别倒入小杯中，有助于均匀浓度。使用玻璃茶海还能欣赏茶水的色泽。

茶盘

垫在茶具下面，接住
热水。有陶制、竹制
等类型。

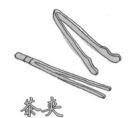

茶夹

用于夹起茶渣或烫
手的茶具。

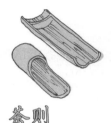

茶则

用于把茶叶从茶
叶罐里取出置于
茶荷或茶壶。

茶道

用于取出堵塞茶壶出
水口的茶叶。

茶漏

将体积较大的茶叶倒
入茶壶时，把茶漏装
在壶口，以导茶入壶，
防止茶叶掉落壶外。

茶滤

用于过滤从茶壶中
倒出来的茶叶。

茶巾

放在手边，随时擦拭洒出的热水和杯底的水迹。
最近市面上出现了许多吸水性好、方便打理的
化纤茶巾，但论风雅，还是用棉麻等天然布料
制成的茶巾更胜一筹。

49

 泡好中国茶的诀窍是什么？

水温视茶叶的颜色而变。

　　无论是中国茶，还是别的茶，泡茶的诀窍无外乎茶叶量、冲泡时间和水温这三点。茶叶和热水的比例一般以1：50（5g茶叶配250ml热水）为佳，但有人爱喝浓茶，有人爱喝淡茶，口味是因人而异的，大家不必完全按照这个比例来。冲泡时间也会影响茶水的浓度，久则浓，短则淡。倒是水温明明很重要，却不太受重视。我在前面日本茶的部分也提到过，茶叶中含有多种有效成分，但它们容易释出的温度各不相同。所以你得先搞清楚手头的茶叶以哪种成分见长，然后再用最能吊出这种成分的水温去冲泡，这就是泡出一杯好茶的诀窍。

　　给大家几个简单的参考标准：绿茶是不发酵茶，用80℃左右的水冲泡就能打造出最棒的风味。而红茶是全发酵茶，水温越接近100℃越好。青茶是半发酵茶（部分发酵），发酵程度参差不齐，有接近绿茶的，也有偏红茶的，无法一概而论。那该怎么办呢？看茶叶的颜色。如果干燥状态的茶叶是接近绿茶的绿色，那就用80℃左右的水。如果是更接近红茶的褐色，那就用100℃的。介于绿色与褐色之间，就用90℃。总而言之，就是根据茶叶颜色的深浅选择合适的水温。乍一看好像很难，但多试几次就会有感觉，就会变得很容易。至于中国茶的基本冲泡方法，请参考下一页的示意图。

用茶壶冲泡

按茶壶—茶海—茶杯的
顺序烫热茶具。

将茶杯、茶壶中的热水
倒入茶盘，再将茶叶倒
入茶壶。

热水入壶。

加盖闷一小会儿。

将所有茶水
转移至茶海。

将茶海中的茶
水倒入茶杯。

50

用闻香杯冲泡 * 泡乌龙茶时使用

将茶水倒入闻香杯。

再将闻香杯中的
茶水倒入茶杯。

感受留在闻香杯中的茶香。

享用茶杯中的茶水。

用盖碗冲泡

1

将茶叶倒入烫过的盖碗。

2

倒入热水。

3

加盖闷一小会儿。

4

也可以当茶壶用哦。

将碗盖斜扣在碗上挡住茶叶，
留出一道缝隙，端碗饮用。

50

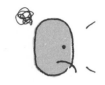

有适合搭配中国茶的茶点吗？
喝中国茶有哪些需要讲究的品茶礼仪？

有很多合适的茶点可以推荐给大家。
至于品茶礼仪，就分享几个我自己平时比较注意的吧。

在中国，茶是一直放在手边的饮品，想起来了就喝上一口。所以搭配中国茶的茶点要选用能够长时间暴露在空气中却不容易流失风味的，要方便随拿随吃。一边嗑着瓜子或吃着葡萄干，一边喝茶聊天的画面在中国十分常见。茶的清香和糖的甜味特别搭，所以糖渍果干也是中国茶的好搭档。

喝中国茶不必讲究繁文缛节，只要遵守最基本的社交礼仪就可以了。平时和别人一起用餐的时候要注意什么，喝茶的时候就注意什么。下面就与大家分享一下我自己平时比较注意的三点吧。

第一，问一些和茶有关的问题，发表对这杯茶的感想。在日本，要是有人请你吃了好东西，你也会问上两句，发表一下感想，不是吗？道理是一样的。"这是什么茶呀？" "好香啊！"语气要真切，这样才能体现出你对泡茶人的感谢。

第二，先喝几口茶，然后再用茶点。这倒不是规矩的问题，而是考虑到了中国茶的特点。日本茶偏苦，所以要先吃点甜甜的茶点，趁着甜味还在嘴里的时候喝茶。但中国茶多以细腻的风味见长，所以建议大家先品茶，然后再享用茶点，这样才能充分领略茶的魅力。

第三，不要把尖的部位对着别人。这一点是针对泡茶者说的，千万不能将水壶、茶壶的出水口冲着别人。

把上述三点做到位，整个人的举手投足之间都会充满气质。

51

在日本，应该去哪里买中国茶？

购买渠道可大致分为大型商超、茶叶铺、中国茶专卖店和网店这四类。

大型商超的优势在于购买方便和价格实惠。虽然种类有限，但价格往往要比专卖店便宜，买起来不会心疼。当然，就像速溶咖啡总也比不上咖啡师现场冲泡的咖啡一样，大型商超和专卖店的茶叶在品质层面还是有些差距的，但你要是想得通，能做好"一分价钱一分货"的心理准备，那么大型商超里的茶叶也值得尝试。

"茶叶铺"指的是传统的日本茶叶铺。在日本，最近有很多老字号茶叶铺卖起了保健茶、中国茶和咖啡之类的产品。虽然和绝对主力的日本茶相比，这些产品享受的待遇没有那么好，不过你要是能找到一家服务态度不错的，问什么问题都能给出解答的，那就放心去买吧。

现在日本也开了很多中国茶专卖店，品种齐全，店员对茶叶也很了解。如果你想邂逅最正宗的好茶，那么专卖店绝对是首选。

无论是日本茶叶铺还是中国茶专卖店，我们都可以用一个非常简单的方法来判断那家店的茶叶品质。那就是看茶叶的存放方法（详见P60）。茶叶最怕氧气、湿气、高温、光和异味。不知道为什么，店家在存放中国茶的时候特别容易忽视"光"的影响。要是你发现店家把茶叶放在透明容器（比如玻璃瓶）里展示，不妨主动问一问"为什么不避光"。如果对方给不出明确的回答，那就意味着这家店很有可能无法提供质量与价格相符的产品。

网购茶叶的时候，价格是衡量品质的重要参考标准。不过请大家尽量选择在网页上登出了详细的产地信息，可以追溯茶叶来源的网店。

在日本，应该去哪里买中国茶？

中国茶专卖店

种类、知识最丰富。首选！

茶叶铺

问什么问题都能给出解答的店可以放心买。

大型商超

购买方便，价格实惠。

网店

价格是衡量品质的重要参考标准，请尽量选择网页上有详细产地信息以及可以追溯茶叶来源的网店。

52

红
茶

什么是红茶?

生产工序较为简单,冲泡后茶水偏红的茶叶。
在英语语境下,特指红茶的单词是"black tea",因为红
茶的茶叶颜色偏黑。

　　红茶占据了全球茶叶市场近八成的份额。在英语语境下,"black tea"指的就是红茶。红茶属于全发酵茶,加工过程中没有"停止发酵"的工序,这是红茶不同于绿茶与乌龙茶的地方。待茶叶彻底发酵成褐色再烘干,就大功告成了。

　　中国是红茶的发祥地,但印度、斯里兰卡、肯尼亚、土耳其等气候温暖、雨水丰沛的国家是现代红茶的主要产地。想当年,即便是在茶文化十分发达的国家,人们也不太纠结茶叶的产地与品种。川宁、馥颂、MARIAGES FRÈRES等欧洲老牌茶叶厂商都推出了用若干种红茶调配而成的产品。每家的调配原则各不相同,产品名更是各有意味。很多人甚至以为那些产品名就是红茶的品种名。

　　近年来,人们渐渐有了追溯食品来源的意识,也有越来越多的人认识到红茶不仅是包装精美的商品,更是一种农产品。"在亚洲种植加工,然后运往欧洲包装,最后再被亚洲人买回去"的模式已不再是主流。"亚洲人买亚洲茶"这条更简便的路径在日本渐渐普及开来。许多红茶的商品名就是"产地名+供买家参考的采摘时期",大吉岭春摘就是个很典型的例子。还有一些产品会附上茶园的名字、加工方法、等级等详细信息,比如"卡斯尔顿茶园有机制法FTGFOP[1]"。附加信息越多，就说明这款茶叶越稀有，价值越高。

　　品味红茶，既可以走发烧友路线，用知识武装自己，从专业的角度挑选红茶；也可以选择轻松省事的茶包……这么看来，红茶的享受方式也越发多元化了。

讲究的喝法

随意的喝法

注：① 茶叶等级。

53

 ## 红茶真的能改善体寒吗?

能,多喝红茶可以有效缓解四肢冰凉、僵硬等症状。

中医把食物分为热、温、寒、凉、平这五种属性。分类标准并不是食物本身的温度,而是摄入后对人体产生的作用。五性也是组合搭配中药时的基本思路。

红茶是温性的,有助于去除积蓄在体内的寒气,促进血液循环,提高新陈代谢。在寒冷的冬日,我们更偏爱用牛奶煮出来的奶茶,而不是寒性(清热去火)的绿茶,这说不定也是身体追求温暖的本能使然。另外,红茶富含茶多酚,和其他茶叶一样有抗氧化作用,可预防生活习惯病,延缓机体衰老。很多商家都在大肆宣传乌龙茶有抑制脂肪吸收的功效,其实红茶在这方面也毫不逊色。

咖啡与茶之所以能风靡世界,咖啡因功不可没。而红茶的特征之一就是咖啡因含量高于煎茶、乌龙茶等品类。至于咖啡因的功效,大家应该已经很了解了。消除疲劳、缓解压力、利尿……研究结果显示,红茶的另一种主要成分茶氨酸还能有效抑制摄入咖啡因造成的暂时性亢奋,防止血压飙升,呵护大脑的神经细胞。

54

大吉岭红茶有什么推荐的喝法吗?

香味是大吉岭红茶最吸引人的地方,不加奶、糖直接喝最美味。

在众多红茶中,名气最响的莫过于"大吉岭红茶"了。它产于印度东北部喜马拉雅山麓的大吉岭高原。这片全球数一数二的红茶产地,因海拔较高,白天日照充足,昼夜温差大,谷地常年弥漫云雾,所以非常适合茶树的生长。也难怪大吉岭能培育出世界顶级品质的红茶。

由于高原十分广阔,茶园众多,每个茶园的地理条件与园主的种植原则都不尽相同,所以同是大吉岭红茶,其品质与风味却有着微妙的差异。历史悠久的老字号茶园一般都能稳定供货,品质也是有保障的,只是成品的质量多多少少会受到当年气候的影响。

大吉岭红茶的最佳采摘季分为春、夏、秋三季,每个季节采摘的红茶都有鲜明的特征。春天采摘的红茶叫"春摘茶",成品的发酵程度较浅。只看发酵程度的话,春摘茶和乌龙茶一样,同属半发酵茶。茶叶色泽青绿,洋溢着清新的花香。夏季采摘的称"夏摘茶",被视为全年质量最高的一批茶。圆熟醇香,滋味鲜美,最具红茶的风范。秋季摘的茶又称"秋摘茶",定位与日本的番茶相当。虽然它的等级不如春摘茶和夏摘茶,但胜在价格实惠。通过近年来的品种改良,市面上出现了越来越多温润可口的秋摘茶。

55

什么红茶适合做奶茶？

首选滋味浓郁的阿萨姆红茶。

"阿萨姆"既是地名，又是在当地发现的茶树的品种名。阿萨姆红茶和大吉岭红茶一样，都产自印度东北部的茶园，只是阿萨姆红茶种植在海拔较低的平原地带。由于平原的日照时间比高原长，平原产的茶叶更容易出鲜味，价格也不会像高原茶叶那般昂贵。

比起从中国传入印度的"中国种"，阿萨姆茶树的叶片更大，滋味更浓厚，甜味更明显。泡上一杯浓浓的阿萨姆红茶，再加些牛奶，一杯口感堪比奶糖的醇香奶茶就大功告成了。

市面上的主流红茶产品是用CTC法①加工而成的可直接冲泡的1mm小颗粒茶粉。这样的红茶产品能迅速泡出浓厚的茶水，因此CTC红茶也经常用于茶包。

当然，也不是所有的阿萨姆红茶都价格实惠，嫩芽含量较高的"叶茶②"中不乏比高档大吉岭红茶更稀有、更昂贵的品种。阿萨姆红茶的采摘时期较长，可以从早春一直采到初冬，但品质最好的还是6～7月的夏摘茶。若要体验阿萨姆红茶特有的醇厚甘甜，喝夏摘茶准没错。

注：① Crush-Tear-Curl，切碎、撕裂、卷曲，简称CTC。
② Leaf Tea，与"碎茶"（Broken Tea）是对应的概念。

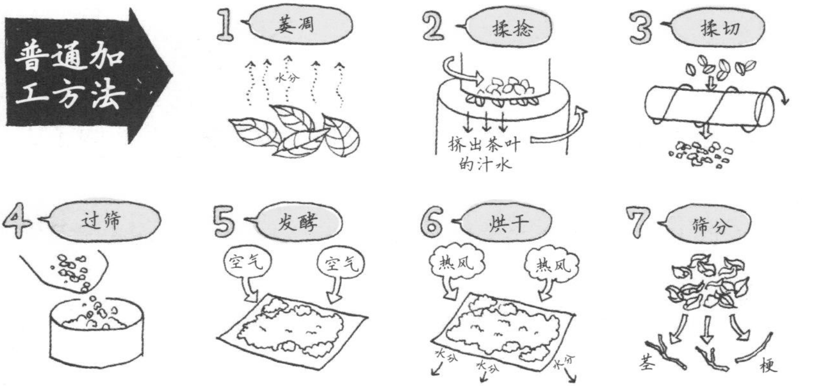

普通加工方法

1 萎凋

2 揉捻
挤出茶叶的汁水

3 揉切

4 过筛

5 发酵
空气 空气

6 烘干
热风 热风
水分 水分 水分

7 筛分
茎 梗

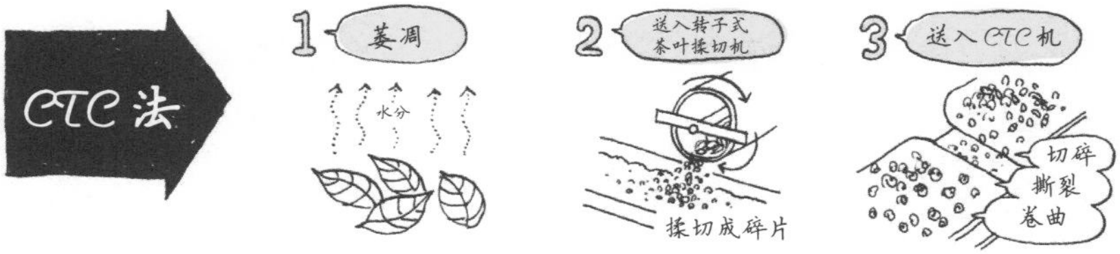

CTC法

1 萎凋
水分

2 送入转子式茶叶揉切机
揉切成碎片

3 送入CTC机
切碎 撕裂 卷曲

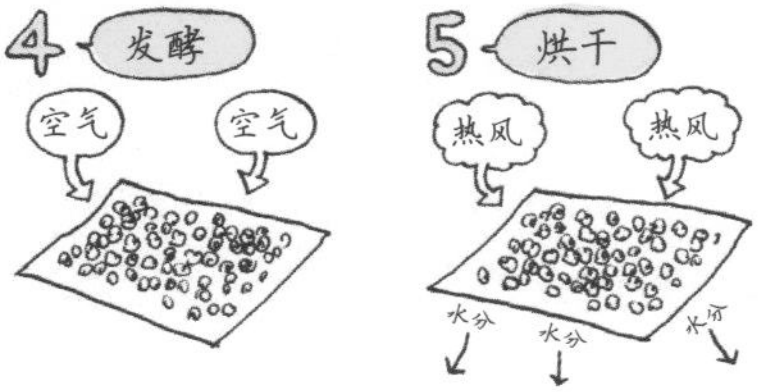

4 发酵
空气 空气

5 烘干
热风 热风
水分 水分 水分

蜷成一个个小球的茶叶就是CTC法的产物。专为迅速泡出浓厚的茶水而设计。

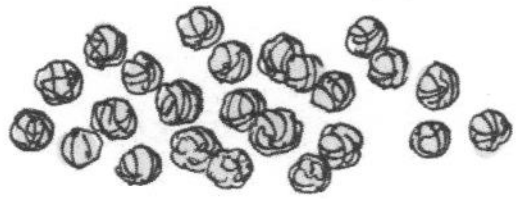

56

真有带薄荷味的红茶吗?

有，乌沃红茶。不过香味要是太明显，就得多留个心眼了。

斯里兰卡，旧称"锡兰"，是印度洋上的岛国。它曾是英国的殖民地，至今盛产优质红茶。最具代表性的锡兰红茶莫过于"乌沃"。略带红色的深橙色茶水以及人称"乌沃风味"的独特香味就是它的特征。优质乌沃红茶自带天然香味，有几分像玫瑰，也有几分神似薄荷，清爽通鼻。只是近年来，薄荷香越浓越好的风潮愈演愈烈，以至于人工添加过香味的乌沃红茶开始在市场上广受欢迎。商家倒也不是故意以次充好，奈何不带薄荷香就卖不出去。现在可好，想找没加过香味的乌沃红茶简直比登天还难。

乌沃红茶有清雅的涩味，和阿萨姆红茶（详见P134）一样适合做奶茶，只是它泡出来的茶水色泽动人，所以也有很多人选择直接喝清茶，不加任何配料。

斯里兰卡红茶也称"锡兰红茶"，可按产地与工厂的海拔分为高地茶、中段茶和低地茶。产地海拔高于1200m的高地茶档次最高，其中，乌沃红茶就是高地茶中名气最响、品质最优的，堪称锡兰红茶之最，与祁门红茶、阿萨姆红茶、大吉岭红茶并称为"世界四大红茶"。

日本人平时喝的红茶都是哪里产的？

印度、斯里兰卡产的居多，但也有其他国家的产品。

印度的红茶产量排世界第一，斯里兰卡、印尼、肯尼亚等国紧随其后。它们都曾被拥有大量海外殖民地的强国（如英国、荷兰等）统治。殖民者在当地开辟了无数种植园。

香味毫不逊色于大吉岭红茶和阿萨姆红茶的"尼尔吉利"，和主要用于调制奶茶的"杜阿尔"都是非常出名的印度红茶。斯里兰卡的红茶按种植地的海拔划分档次，高地茶的等级较高，但低地茶有着适合做奶茶的醇香，价格也比较实惠，所以我们不能只以等级论英雄。除了乌沃红茶，果香扑鼻的"汀布拉"和风味细腻的"努沃勒埃利耶"也是极负盛名的高地茶。"康提"是一款中段茶，种植地的海拔介于高地茶与低地茶之间。因为它没有什么奇怪的味道，适合搭配其他东西一起冲泡。"卢哈纳"是一款产量很高的低地茶，非常适合做成奶茶。

印尼红茶口味清淡，瓶装的爪哇茶在日本颇受欢迎。肯尼亚是近年发展势头迅猛的红茶产地，出产的茶叶主要用于配制混合茶叶或制作茶包。中国红茶有不少个性鲜明的品种，最有名的就是祁门红茶，还有正山小种、九曲红梅等享誉海内外的名茶。

话说近年来，日本的红茶——"和红茶"重新受到了日本本土市场的关注，宜人的香味和清爽的口感受到很多日本人的喜欢。

国家	红茶种类
中国	祁门红茶、正山小种、九曲红梅等
日本	和红茶
印度	大吉岭红茶、阿萨姆红茶、尼尔吉利、杜阿尔等
肯尼亚	所产茶叶多用来制作混合茶包
印度尼西亚	爪哇茶
斯里兰卡	乌沃红茶、汀布拉、努沃勒埃利耶、康提、卢哈纳等

58

伯爵茶是有果香的红茶吗？

准确地说是添加了果香的红茶。

西西里岛位于意大利半岛的西南方向，因众多有关黑手党的电影而驰名海外。原产于这座小岛的柑橘类水果佛手柑，长得有点像橙子，苦味偏重，不适合直接食用或榨成果汁。但清新怡人的香味让它成了古龙香水、香皂的重要原料，从而走进了千家万户。佛手柑的香味成分既能宁心，又能提神。亢奋、紧张的时候，闻一闻就能平静下来；消沉、沮丧的时候，闻一闻就能重新振作。多么万能的香味啊！

伯爵茶（Earl Grey）就是一款吸收了佛手柑香味的红茶。"Grey"取自19世纪30年代的英国首相查尔斯·格雷（Charles Grey）。伯爵茶这个名字的由来有很多种说法，最传奇但也最经不起推敲的一种是：格雷伯爵的手下在中国当差的时候救了一个溺水者，溺水者便传授了祖传的红茶加工方法，以报答救命之恩。

那该用哪种红茶吸收香味呢？这倒没有严格的规定，中国、印度、斯里兰卡等各国出产的红茶都能用来加工伯爵茶。业界有一种观点认为，品鉴"加香茶"时应该重点考察香味，茶叶本身的品质是次要的，然而原料的好坏会对茶的风味产生巨大的影响。不同厂商、品牌推出的伯爵茶有着不同的香味，大家不妨货比三家，看看哪一款闻着最舒服，这个过程也很有意思呢！

伯爵茶的冲泡方法和普通红茶基本相同，不过做成冰红茶更能突显出它的浓香。

橙白毫真的有橙子的香味吗？

闻着不像橙子，喝着也不像橙子。

  细心的朋友也许会发现，红茶的名字后面常会跟着几个英文字母，比如OP、BOP等。这些字母代表了茶叶的等级。它们原本指代的是采摘部位，现在成了推测加工后的茶叶大小的参考指标。"OP"是橙白毫（Orange Pekoe）的首字母，代表形态完整的大茶叶。由于截面较少，冲泡时间要略长一些。"BOP"是碎橙白毫（Broken Orange Pekoe），叶片小于OP，因此能用比OP更短的时间冲泡出茶味。"BOPF"是碎橙白毫片（Broken Orange Pekoe Fannings）。"Fannings"是能被风扇吹跑的意思，不难想象BOPF是比BOP更细碎的茶，状态接近日本的粉茶，多用于制作茶包。

  不过请大家注意，等级和品质是两回事。同等品质的茶的确是"叶片越大，价格越高"，但品质本身如果存在差异的话，"BOP比OP更高档"的情况也是有可能出现的。另外，我们还能在OP、BOP和BOPF前面加若干形容词，例如S=Special（特级）、F=Fine（精制）、F=Flowery（花香）、T=Tippy（含有新芽）、G=Golden（金黄色的）等。好比"SFTGFOP"，就是"Special Fine Tippy Golden Flowery Orange Pekoe"的首字母，意为"含有大量金光灿灿的新芽，香味如花，品质卓越的大片茶叶"。只是这些概念并没有明确的国际通用标准，所以大家把"S""F"之类的形容词理解成"棒棒的""好厉害"就行了。

60

英式红茶、中国茶、日本茶要分别配备不同的茶具吗?

只要有一个茶壶，什么茶都能泡，但分别准备一套会更有意思。

　　茶最早传到的欧洲国家是葡萄牙和荷兰，虽然当时英国人也饮茶，但后来的风靡还应归功于17世纪嫁给英国国王查尔斯二世的葡萄牙公主凯瑟琳·布拉甘萨。凯瑟琳公主嫁入英国时，带了一些茶当嫁妆，于是"喝茶"的习惯就在英国逐渐普及开了。

　　很多人觉得英式红茶、中国茶和日本茶要用不同的茶具冲泡，其实不然。单看形状与功能的话，三种茶的茶具其实有很多共通之处。茶具和茶叶一样，都发源于中国。中国的茶具传入日本，便诞生了各种各样的改良品与衍生品。两种茶具就这样一道来到了欧洲。欧洲人起初是非常推崇这些进口货的，但是后来英国王室一声令下，欧洲各地都开始模仿亚洲茶具生产本土茶具了。维多利亚时代堪称大英帝国的全盛时期，当时的工匠打造了众多装饰精美、巧夺天工的银质茶具。这些华丽的银器是专门展示给客人的东西，更是身份与地位的象征。由于银器太难打理，如今只有一些英式红茶发烧友才会用，但古董银器有极高的艺术价值，把英式红茶当成一种兴趣爱好去享受的时候，精美的茶具一定能发挥出锦上添花的作用。

　　我会在接下来的内容里为大家介绍冲泡英式红茶的基本工具。其实每一种工具都附加了年代、稀有性等元素，学问大着呢!

茶壶

茶壶的材质五花八门，有玻璃、金属等，但最具代表性的莫过于"骨瓷"。当年，英国人特别喜欢中国产的白瓷，无奈英国白色黏土稀缺，就用牛骨代替了。

茶杯与茶托

原型是中国的茶杯，但是多了方便拿取的把手，这倒是很符合欧美人的思维模式。

61

茶叶罐

金属或陶制的茶筒、茶盒。

茶叶罐勺

用它将茶叶转移到茶壶、称量茶叶。

滤网

有纸、布等材质。把茶叶倒进滤网，再把滤网整个装进茶壶，倒入热水，泡好后把滤网连带里面的茶渣一起拿出来。

法压壶

由圆筒形的玻璃壶和活塞式滤片组成。要倒茶的时候，就把闷过的茶叶往下压。但力度要适中，否则茶叶会被压烂，使茶水变苦。

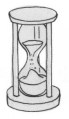

沙漏、电子计时器

控制"闷"的时长。

茶壶保温套

盖在茶壶上，防止
红茶变凉。

茶滤

把茶壶里的茶倒进
茶杯时，用茶滤挡
住细碎的茶叶渣。

茶勺

用于搅拌红茶的勺
子，比咖啡勺略大，
比汤勺略小。

糖罐与奶壶

装糖、奶的容器，
与红茶一起上桌。

蛋糕架

提起下午茶，许多人会立刻联
想到它。用于放置装有蛋糕、
三明治等点心的盘子。

61

泡好红茶的诀窍是什么?

烫热茶壶。

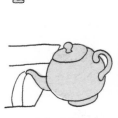

把茶壶倒空。

1杯茶配2～3g茶叶比较合适。

将称好的茶叶倒进茶壶。

一要称茶叶,二要用开水,三和做菜一样,要多尝几次味道。

　　大家都说"1茶杯(约140ml)需用1茶勺的茶叶冲泡",但这么讲并不够准确。因为"茶勺"没有统一的规格。而且茶叶本身也有等级之分(详见P142),叶片尺寸大小各异。以大吉岭红茶为例,同样是1平勺,OP级舀出来是5g,BOP级却有7g。为了把握最合适的茶水浓度,就得先了解自家的1茶勺有多少克。冲泡1杯140ml的红茶需要2～3g茶叶。

　　大多数红茶都适合用开水冲泡,所以无需费心调节热水的温度。先把茶壶烫热,然后把称好的茶叶倒进去,加入热水闷一会儿就行了。冲泡时间也与茶叶的等级有关。大片茶叶需要3～4分钟,而BOP、BOPF等比较细碎的茶叶或CTC茶叶(详见P134)的截面较

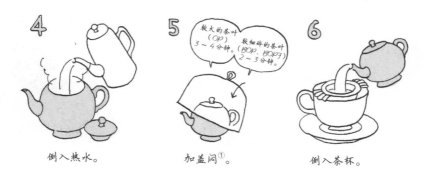

倒入热水。　　　　　加盖闷①。　　　　　倒入茶杯。

多，更容易泡出茶味，所以2～3分钟就够了。5g茶叶配300ml热水是比较保险的比例，每闷2分钟尝一下味道可以保证万无一失，觉得淡了就多泡一会儿。

　　说起冲泡红茶，不得不提一下"Jumping（跳跃）"这个概念。这是日本特有的说法，形容茶叶在茶壶中起起落落的状态。不过请大家切记，让茶叶"跳"起来并不是我们的最终目的。只要具备了泡出美味红茶的三大条件，茶叶自然会翩翩起舞。

注：① 如有茶壶保温套，就罩在茶壶上，以免红茶变凉。

62

为什么我做的冰红茶总是白白的，
而且有点浑浊？

将少量茶叶倒入A壶，
加入开水，盖上壶盖，闷
15～20分钟。

将A壶中的茶水
转移到B壶。

再将B壶中的茶水倒
回装满冰块的A壶。

这种现象叫"冷后浑"。

所谓冷后浑，指的是浓茶在冰镇片刻后发白变浑的现象。红茶中的某些成分会在冷却后凝固变白，于是茶水就变浑浊了。

那有什么办法可以防止"冷后浑"吗？红茶专家在店里是这么做的：首先，请大家准备两个茶壶。为方便起见，我们将它们分别称为A壶和B壶。然后是茶叶，切记茶叶要比泡热茶的时候略少一些。细心的读者应该已经发现了，这一步和外行想的正相反。大家一般都会在这一步多放些茶叶，把茶水泡得浓一点，对不对？但专家会减少茶叶的用量，通过延长冲泡时间提升茶水的浓度。500ml热水配5g茶叶就够了。接着把茶叶倒入A壶，照常加入开水，闷15～20分钟。看到这儿，也许有读者会问："闷这么久，茶会不会太涩啊？"别担心，如果只闷10分钟，反而会泡出特别涩的红茶。

4

再次倒回B壶。

5

放置在常温环境下。

6

倒入加了冰块的
杯子即可。

耐心等着就对了。时间一到，就把A壶中的茶水倒入B壶，记得加一层茶滤。下一步非常关键，用冰块把A壶塞满，再把B壶里的茶水倒回去，迅速降温。之后再把A壶里的茶倒回B壶，让红茶与冰块完全分离。这一步操作得越快越好，不能有停顿。处理完的茶水一定要放置在常温环境下，喝的时候倒进加了冰块的杯子即可。

为什么要强调常温环境呢？因为一旦冷藏，红茶又会变浑，前面的苦心就都白费啦。只要避免"冷却速度太慢"和"茶壶内存在温差"这两种情况，就一定能泡出晶莹剔透的冰红茶。

63

什么是印度奶茶?

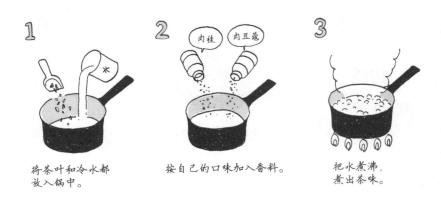

1 将茶叶和冷水都放入锅中。

2 按自己的口味加入香料。

3 把水煮沸,煮出茶味。

一般指用牛奶煮出来的红茶。

　　照理说普通的红茶是"闷"出来的,那"煮"出来的红茶肯定有更浓郁的茶味吧?把茶叶和牛奶倒进小奶锅里煮成"印度奶茶",茶味却不及正常冲泡的红茶,味道十分寡淡。与其说是"用奶煮出来的茶",不如说它是"红茶色的热牛奶"。不知道各位读者是不是也这样想呢?这是因为牛奶的主要成分之一"酪蛋白"会抑制红茶的萃取。想喝美味的印度奶茶,就得先用热水煮茶,等茶味煮出来了再加奶。

　　下面就为大家介绍一下印度奶茶的具体做法。将两大勺红茶与150ml冷水倒进小奶锅,用大火加热。水开始冒泡后,再把火调

4

加入牛奶。

5

锅壁处冒出
少许气泡。

在快要煮沸的时候关火。

6

用茶漏滤去细碎
茶叶，倒入茶杯。

小一些，耐心等待1分钟。等到气泡冒得越来越多，茶叶都快贴到锅壁上时，再一次性加入350ml牛奶，调回大火。这时千万别走开哦，因为奶茶煮着煮着会突然沸腾，溢出来。当锅和奶茶的分界线处冒出小气泡时，就说明奶茶快煮沸了。请大家在快要煮沸的时候关火。最后用茶漏滤去细碎茶叶，倒入茶杯，美味的印度奶茶就大功告成啦！往奶茶里加些肉桂和肉豆蔻，就是印度等地的国民饮品"玛莎拉茶"。香料得在一开始用水煮茶的时候加，用量控制在茶叶的5%即可。

64

红茶里还能加点别的东西吗？

俄罗斯红茶、姜茶、苹果茶都很容易做，味道也很不错。

在普通红茶的基础上稍作改动，就能收获各具特色的风味与功效。我们把这种红茶称为"调味红茶"。除了前面介绍过的冰红茶和印度奶茶，还有很多操作简便、美味可口的调味红茶供大家尝试。

比如俄罗斯红茶。这显然是一款发源于俄罗斯的红茶。据说当年俄罗斯人都是一边舔果酱一边喝红茶的，久而久之就干脆把果酱加进了茶里。果酱的种类并没有硬性规定，草莓酱、香橙果酱等都可以。只要把果酱倒进盛着红茶的杯子就行了，和加奶、加糖一样简单。只是果酱可能会加快红茶变凉的速度，所以喝俄罗斯红茶的时候请大家提前温好茶杯。

接下来是活血暖身的姜茶。在茶壶里放2~3片生姜和茶叶，加入热水冲泡即可。觉得甜味不够的话，可以加点蜂蜜。也可以把搅拌均匀的姜泥和蜂蜜倒进家用制冰盒，冻成若干小块，如此一来就能随时享用蜂蜜姜茶了。不过，无论是姜茶还是其他红茶，加蜂蜜的时候都得多加注意，看看蜂蜜是用什么花的花粉酿的。颜色较深的蜂蜜富含铁元素，而铁会和红茶中的成分发生化学反应，导致茶水发黑，所以我更推荐洋槐蜂蜜。

　　苹果茶的做法也很简单。把苹果皮和茶叶一起放进茶壶，用热水冲泡即可。也可以再提前一步，把苹果皮直接放进水壶里煮。这样泡出来的红茶有着烤苹果般的甜香。

　　当然，往红茶里加些洋甘菊、玫瑰之类的干花也不错，更有助于舒缓身心。茶叶与花草的比例最好控制在4：1左右。

俄罗斯红茶

把果酱倒进盛着红茶的杯子就行了，和加奶、加糖一样简单。

姜茶

往茶壶里放2～3片生姜和茶叶，加入热水冲泡即可。

苹果茶

把苹果皮和茶叶一起放进茶壶，用热水冲泡即可。

也可以再提前一步，把苹果皮直接放进水壶里煮。

65

什么茶点适合和红茶一起端出来招待客人?

建议搭配司康饼、磅蛋糕、饼干或各种水果挞。

听到"茶点"这个词,大家往往会联想到"用来衬托茶饮的糕点或小食",但是在我看来,"茶点唱主角,红茶当配角"的情况要更多。

那就让我们换个视角,看看哪些茶点能与红茶相辅相成,相得益彰吧。雷打不动的经典茶点当属司康饼。配上足量的奶油、果酱和蜂蜜,味道就更棒了。吃过司康饼之后,再品红茶,那滋味别提有多美了。奶油的油脂、果酱蜂蜜的甘甜、司康饼的酥脆感……这可都是红茶的绝配啊。

除了司康饼,磅蛋糕和饼干也很适合搭配红茶,因为它们都是能吸收唾液的食物,三明治也不例外。另外,红茶本来就有类似水果的香味,所以搭配水果也不错。如果是水果、奶油和挞皮的组合(如苹果派、水果挞),那就更完美了。

一边吃糕点,一边喝茶,一杯肯定是不够喝的,因此招待客人的时候最好准备一个容量比较大的茶壶,保证每人至少能喝到2~3杯。茶叶长时间浸泡在水里,茶水就会变得非常涩,所以请大家务必使用茶滤。有条件的朋友可以把茶壶保温套用上,再配上摆满各式茶点的蛋糕架,下午茶范儿不要太足哦。

66

花草茶

什么是花草茶?

可以轻松享受药草的功效,不过花草茶也不能乱喝。

　　顾名思义,花草茶就是用花草冲泡的茶。虽然名字里有个"茶"字,但它们的原材料毕竟不是茶树,所以从定义上看,花草茶属于"茶外茶"的范畴。药草有着极其悠久的历史,早在新石器时代,就有了"神农尝百草"的传说。无论是古老的东方医学还是现代的西方医学,都有许多用植物合成的药物。

　　喝花草茶是一种轻松享受药草功效的方法,在欧洲颇为流行。而且现在,把喝花草茶作为兴趣爱好的人也越来越多。舒缓身心、排毒、减肥……我们可以根据自己的身心状态选择最适合自己的花草茶。而且花草茶里没有咖啡因,一喝咖啡、红茶就睡不着觉的人,或是孕期、哺乳期的女性朋友也能喝,这是多么有益身心的饮品啊。

　　不过近年来,花草茶的副作用受到了社会的关注,"天然香草也大意不得"的意识逐渐普及开来。花草茶的确不含咖啡因,可不是所有的花草都能敞开肚子随便喝。在本章中,我将重点介绍几种最出名的花草茶以及它们的喝法和注意事项。

67

配制花草茶的诀窍是什么？

香味强烈的不能加太多，这样成品才会更可口。

　　花草茶的原材料是干燥的香草。如今可以买到香草的地方很多，只买10g也没问题。买些喜欢的香草回家，自己配成花草茶喝，倒也别有一番乐趣。在这里给大家介绍几种经典的组合吧。具体的用量可以按自己的口味来，大致的比例请参考下一页。

　　鼻子发痒难受的时候，可以喝点松果菊。它是北美著名的"万能神药"，素有"天然抗生素"的美誉，近年来也常用于治疗花粉症。松果菊稍微有点草味，搭配清香怡人的荷兰薄荷和甜香好似玫瑰香葡萄的接骨木花就可以扬长避短。

　　一到傍晚就双腿浮肿的朋友可以喝草木犀。它能促进淋巴循环，排出体内毒素。蒲公英有很强的利尿作用，也有助于消除浮肿。只是这两种香草都略带苦味，搭配柠檬草或柠檬香桃等带有柑橘清香的香草会更好喝一些。

　　嗓子不舒服的时候，不妨试试芙蓉葵。它对咽喉疼痛、支气管炎、口腔溃疡等病症都有一定的效果。中药常用的甘草也有缓解咽喉肿痛、祛痰的功效。芙蓉葵和甘草都有甜味，搭配香味清新的胡椒薄荷或香蜂花更具风味。

68

*常见香草的特征及功效→P180～185

有没有可以当运动饮料喝的
花草茶？

试试能缓解疲劳的芙蓉花茶吧。

　　1964年，日本东京奥运会上，当时的世界纪录卫冕奥运冠军"马拉松之王"阿贝贝·比基拉在比赛前喝了一种鲜红色的茶饮。同样表现抢眼的德国代表团也把这种茶饮带到了赛场，用于补充水分。这个令人过目不忘的鲜红色茶饮就是芙蓉花茶。爽口的酸味是它最显著的特征。组成酸味的主要成分是柠檬酸和芙蓉花酸等植物酸，它们能与茶水中富含的矿物质一起提高体内的能量转换与新陈代谢速度，缓解机体疲劳。

　　在"运动饮料"的概念刚刚萌芽的时候，人们便将视线投向了芙蓉花。而芙蓉花的好拍档就是富含天然维生素C的玫瑰果。玫瑰果的维C含量是柠檬的20～40倍，并含有黄酮、果胶、果酸、维生素E、丹宁等有益身体的成分，被称为"维生素炸弹"。科学研究表明，玫瑰果有预防感冒、贫血、缓解眼部疲劳等功效。芙蓉花与玫瑰果的组合还能促进人体合成胶原蛋白，能由内而外修复被阳光灼伤的肌肤，预防暗沉、皱纹等皮肤问题，是名副其实的美容茶，深受女性朋友的欢迎。

*常见香草的特征及功效→P180～185

肠胃不舒服的时候应该
喝什么花草茶？

推荐有消炎作用的洋甘菊。

在碧雅翠丝·波特创作的经典儿童文学《比得兔》中，主角比得兔每次吃坏肚子，兔妈妈都会给它泡洋甘菊茶喝。洋甘菊有舒缓身心的功效，在世界各地都很受欢迎，是普及度最高的香草之一。根据兔妈妈的用法，我们不难推测出洋甘菊既可以消炎，又能够缓解压力导致的胃炎、胃溃疡与失眠。

洋甘菊是黄白两色的可爱小花，乍一看有点像雏菊。它有苹果的甜香，即使搭配其他香草，也能大放异彩。洋甘菊也有品种之分，其中最适合泡花草茶的当属德国洋甘菊。把德国洋甘菊和宁心静气的菩提叶以及有助于放松肌肉的缬草组合起来，就是能提升睡眠质量的"晚安茶"。每天晚饭后喝上一杯，睡眠质量一定会有所改善。

胡椒薄荷以清凉感见长，经常被用在糖果里。用它搭配洋甘菊，能显著缓解肠胃疲劳。如果你觉得工作或生活的压力太大，肠胃总是不太舒服，不妨按两份洋甘菊搭配一份胡椒薄荷的比例泡一杯花草茶试试。

在洋甘菊里加百里香和柠檬草也不错，不过这个组合最好在两顿饭之间或餐前饮用。胃里有东西的时候喝，效果就会大打折扣。

*常见香草的特征及功效→P180～185

哪些花草茶能促进排毒？

试试提高肝功能的洋蓟，还有保肝护肝的水飞蓟吧。

我们可以根据日本的加工食品生产量倒推出日本人每年摄入的食品添加剂足有4kg之多。现代人的一日三餐已经离不开各种各样的添加剂了。当然，我们要用心把控吃进嘴里的东西，看看食品中到底含有哪些成分，尽可能少吃添加剂。与此同时，也要想办法加快新陈代谢，不让添加剂在体内停留太久。通过呼吸、汗液的排出、指甲头发的脱落等形式排出体外的毒素不到10%，最主要的排毒途径还是得靠大小便。所以能激活肠胃与肝脏、预防便秘的香草自然能帮助人体排毒。

洋蓟入药的历史可以追溯到古希腊、古罗马时期。它的苦味非常强烈，人体有将苦味判定为"毒物"的本能，会想方设法尽快把它排出体外，于是肝脏就会积极运作。水飞蓟有清洁血液、保护肝细胞、促进细胞再生的功效，是一款老字号"保肝草"。

饮酒过量的时候，或是吃了太多油腻的食品，觉得浑身疲劳的时候，就让水飞蓟治愈你吧。坊间甚至有"东方人吃姜黄，西方人吃水飞蓟"的说法。虽然有些许苦味，但总的来说还是柔和的甜味占上风，泡茶喝很是可口。

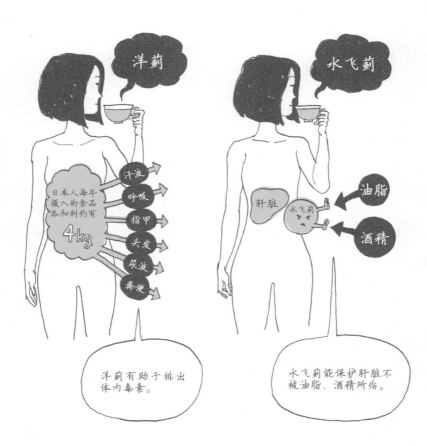

洋蓟有助于排出体内毒素。

水飞蓟能保护肝脏不被油脂、酒精所伤。

71

*常见香草的特征及功效→P180～185

哪些花草茶能减肥?

欧洲有一种历史悠久的花草茶处方，人称"断食花草茶"。

　　断食花草茶由接骨木花、鼠尾草、西洋蓍草等香草调配而成，有减轻饥饿感的作用。不过人们发明这种茶的初衷并不是通过降低食欲瘦下来。只是想在某些特殊情况不能吃东西的时候，可以喝点断食花草茶应急，仅此而已。

　　一说到减肥，大家总会联想到各种各样的减肥方法。然而在我看来，好好吃饭，好好消化，提高新陈代谢，逐步接近理想的体型，才是最理想的减肥之道。

　　能帮助人体彻底消化食物的香草有迷迭香、胡椒薄荷、小茴香、鼠尾草等。迷迭香尤其值得一提。它富含有抗氧化作用的迷迭香酸，是女性朋友美容抗衰老的好帮手。加少许香味清凉的胡椒薄荷作为点缀会更好喝哦。

　　陈皮、肉桂、黑胡椒都是能促进新陈代谢的香草。中药和八宝茶里也有陈皮，只是它稍微有些涩味，千万别放多了。肉桂有发汗的作用，自带甜香，常用于印度奶茶和各类糕点。黑胡椒的刺激性较强，味道也比较冲，稍微加一点点就可以了。

*常见香草的特征及功效→P180～185

哪些花草茶特别适合女性喝？

除了暖身的姜花，还有很多能缓解痛经、美白肌肤的香草。

　　有些体寒严重的朋友即便是在夏天也会觉得四肢冰凉。如果你也有这方面的困扰，不妨试试姜花。无论是亚洲还是欧美国家，姜都是很常用的食材与药材。它能促进血液循环，让身体暖和起来。姜花搭配滋味微甜的肉桂最合适不过了。肉桂有助于发汗，加快新陈代谢。这两种香草都能在超市买到，将现成的混合花草茶加到红茶里一起泡也很好喝。

　　覆盆子叶做的花草茶，素有"顺产茶"的美誉。即将临盆的孕妇就不用说了，痛经严重、更年期症状明显的女性朋友也能喝。德国洋甘菊也有调经、改善体寒的作用。女性之友玫瑰也有调节内分泌的功效，月经失调的朋友可以喝喝看。可爱的花蕾还能装饰各种花草茶，养眼又好闻。

　　欧石楠是许多化妆品的原料，有"美白香草"之称，因为它富含美白成分熊果苷，它和保湿润肤的芙蓉葵堪称"美肤黄金组合"。再加上富含维生素的玫瑰果，就更是打遍天下无敌手！

*常见香草的特征及功效→P180～185

哪些花草茶孕期不能喝？

欧芹、鼠尾草、迷迭香、百里香不能喝太多。

　　20世纪60年代，著名男声双重唱组合"西蒙和加芬克尔"[①]演绎的红遍全球的英国民谣《斯卡堡集市》[②]里，有一段完全用香草名组成的歌词，听着跟咒语似的："欧芹、鼠尾草、迷迭香和百里香（Parsley, sage, rosemary and thyme）……"为什么要重复这样一句歌词呢？歌迷们有种种猜测，有人认为这几种香草象征着歌词中登场的一男一女的关系。欧芹代表净化，鼠尾草代表忍耐，迷迭香代表贞洁，百里香代表勇气……如此这般。我个人觉得这歌词大概没有别的意思，只是图个顺口罢了。不过这四种香草碰巧有一个需要大家格外注意的共同点，那就是孕期不能多喝。

　　目前，花草茶在日本还不是很普及，很多人只知道孕期不能碰咖啡因，认定花草茶里没有咖啡因，所以孕期就可以放心大胆地喝。问题是，很多香草原来是当药草用的，在部分欧洲国家得去药店买。有些香草高血压的人不能喝，有些会和特定的药物起冲突，有些不能给孩子喝，有些是胃不好的人不能喝……禁忌颇多，还有很多没有研究透彻的地方。当然，我们没有必要搞得草木皆兵，但是要长期饮用的话，还是找专科医生或花草茶专卖店咨询一下比较稳妥。

注：① 保罗·西蒙和阿特·加芬克尔，摇滚乐历史上最著名的民谣组合。
　　② Scarborough Fair，是第40届奥斯卡提名影片《毕业生》的插曲。

*常见香草的特征及功效→P180～185

74

如何冲泡花草茶?

1 烫一下茶壶与茶杯。

2 把茶壶倒空，加入香草。

3 注入热水。

花草茶的冲泡方法和绿茶、红茶几乎一样。

　　把香草倒入提前烫过的茶壶，注入热水，加盖闷一会儿。一人份的花草茶大约需要满满两茶勺的香草，只是香草的形状与大小各不相同，找到感觉之前还是用厨房称把控一下分量为好。花、叶较多的放3～5g，种子、果实较多的放5～7g比较合适。准备好香草后，再把开水缓缓倒入茶壶，迅速盖上壶盖，以免香味流失。花、叶较多的闷3～5分钟，种子、果实较多的闷5～7分钟。闷好后再倒入其他茶壶或茶杯即可，记得用茶滤筛去多余的香草。

　　至于是一次性把所有茶水倒干净，还是稍微留一些茶水在壶里，视香草的种类和用量而定。如果你发现把所有茶水倒光后，第二轮泡出来的太寡淡，那就留下刚好能没过香草的茶水在壶里，泡

加盖闷一会儿。　　　　倒进杯子。　　　　完成。

第二轮的时候再加些热水就可以了。反之，如果香草泡太久会发苦、发涩，那就每泡一次都要把茶壶里的水倒干净。

　　冲泡花草茶不需要特殊的工具，用平时冲泡红茶、绿茶的茶壶就可以了。只是最好别用素陶茶具，因为陶器会吸收茶垢等物质，而这些物质有可能与香草中的成分发生化学反应，进而影响茶水的口感。如果你喝花草茶是为了实现某种特定的目的，那还是用表面光滑的瓷器更保险。玻璃茶壶也是个不错的选择，毕竟丰富的色彩也是花草茶的魅力所在。

75

如何存放花草茶？

**和其他茶叶一样，装进密封容器，摆放在阴凉处，
此外还有若干注意事项。**

　　干燥的花草茶的存放方法与绿茶、红茶有许多共通之处，难不
倒平时经常喝茶的朋友。隔绝空气、湿气、异味，放置在阴凉处，
避光——只要做到这些，花草茶的保质期就能和大多数的茶叶一样
长了。

　　花草茶也得放在密封容器里，只是不能用金属茶罐，因为花草
茶里的成分会和铁、铝等金属发生化学反应。最理想的容器是褐色
或深蓝色的遮光玻璃瓶（香薰精油用的也是这种瓶子）。但是不少
花草茶的外形十分养眼，藏在看不见的地方多可惜啊！如果你想一
饱眼福，用透明的密封玻璃瓶也是可以的，只要把瓶子放在晒不到
太阳的地方，尽快冲泡完就行了。

　　市面上有各种进口的花草茶包，不过碰到纸质包装的产品，
就得多留个心眼了。因为纸是透气的，装在里面的香草可能会与空
气接触，逐渐氧化变质。要是还没开封却能闻到香味，就意味着氧
化的风险很高，最好连包装盒或包装纸一起装进瓶子之类的密封容
器里。

常见的香草都有哪些特征及功效？

一起来看看吧！

洋蓟

强烈的苦味是它的特征。可改善消化不良、食欲不振，对宿醉、高胆固醇血症等有一定的疗效。

松果菊

鼻子发痒、花粉症发作的时候喝正好。稍微有些草味，建议搭配荷兰薄荷、接骨木花。

接骨木花

有着果实般的清甜香味。有发汗、利尿的功效，可缓解感冒症状。

陈皮

淡淡的柑橘香。略带涩味，千万别放多了。能显著舒缓身心，还有利尿作用。

洋甘菊

消炎镇定，有助于改善压力造成的胃炎、胃溃疡与失眠症状。有点类似苹果的甜香，让它在搭配其他香草时大放异彩。月经失调、手脚冰凉的朋友也能喝。

肉桂

暖身发汗，自带甜香，常用于印度奶茶和各类糕点。市面上也有条装肉桂、肉桂粉等产品。

姜花

暖胃驱寒。略带辣味，建议搭配微甜的肉桂。加入红茶也不错。

荷兰薄荷

叶片比胡椒薄荷更大，清香怡人，提神醒脑。

鼠尾草

拥有清新的香气与苦味。能有效缓解咽喉疼痛与口腔溃疡等病症。孕期禁用。

百里香

香味舒畅，略带苦味。可激活肠胃，缓解头痛与疲劳。孕期慎用。

蒲公英

富含维生素、铁、钙等微量元素，最适合在肠胃状态不好的时候喝。略带苦味，建议搭配柠檬草或柠檬香桃。

77

芙蓉花

以鲜明的酸味见长。能加快体内的能量转换与新陈代谢，消除机体疲劳。

欧芹

香味神似青草，有些许苦味。富含维生素，有美容补血的功效。孕期慎用。

颌草

有助于放松肌肉，缓解失眠、偏头痛。有独特而强烈的气味，调制花草茶时用量不能太多。

欧石楠

"美白香草"，常用于化妆品。有淡淡的酸味与咸味。

小茴香

自带甜香与草香。可调理肠胃，对消化不良、腹胀有一定的效果。

黑胡椒

刺激性强，味道非常强烈，稍加一些作为点缀即可。有预防感冒的功效。

胡椒薄荷

有清凉舒爽的香味，常用于润喉糖。可抑制过敏反应，有助于缓解花粉症。

芙蓉葵

有效缓解咽喉疼痛、支气管炎、口腔溃疡等病症，滋润皮肤，保湿美容。搭配胡椒薄荷、香蜂花，甘甜可口，风味更显雅致。

水飞蓟

有保护肝脏的功效，适合在饮酒过量或摄入过多油腻食物时饮用。虽然有些许苦味，但整体上还是柔和的甜味占上风，泡茶喝很是可口。

草木犀

促进淋巴循环，排出体内毒素。适合双脚经常抽筋、浮肿的人。有淡淡的苦味，但也有柑橘般的清香和淡雅的风味。

西洋蓍草

有草味和淡淡的苦味。能通过杀菌起到抑制炎症的作用。孕期禁用。

覆盆子叶

有助于缓解痛经和更年期症状。香味类似甘草，味道略酸。

77

甘草

可缓解咽喉疼痛、祛痰的甜味香草。搭配胡椒薄荷、香蜂草分外和谐。

菩提叶

有静心宁神的功效。风味清甜。有助于舒缓压力、降低血压。

柠檬草

有着神似柠檬的柑橘香。可振奋精神，促进消化。

香蜂花

据说清爽的花香能引来蜜蜂。有助于缓解神经性消化不良、偏头痛等病症。

柠檬香桃

带有清雅的柑橘香。抗菌除臭。

玫瑰

可调节内分泌，适合月经失调的女性朋友。在其他花草茶中稍加几朵做点缀，也是点睛之笔。

玫瑰果

富含天然维生素C，有助于预防感冒和贫血，缓解眼部疲劳，功效繁多。有温和的酸味与甜味。

迷迭香

香味浓重，用量不能太多。有抗氧化的功效，是美肤抗衰老的好帮手。孕期禁用。

77

大麦茶、黑豆茶、牛蒡茶、
柚子茶也算花草茶吗?

好比这款茶吧,里头有一点点普洱,那它算什么茶?再加工茶?茶外茶?

都行。

不为了分类而分类,这样才够自在随意。

薏仁
玄米
月见草
普洱

定义也许是因人而异的,但是有个方便的统称可以把它们都归纳进去。

　　要是局限于定义的话,很多平时被我们随口称作"茶"的东西其实并不是真正的茶。因为茶的定义是"以茶树为原材料的饮品"。为了把茶树以外的植物加工而成的饮品和茶区分开,我们将前者统称为"茶外茶"。花草茶也属于茶外茶的范畴。

　　当然,茶外茶也有许多种类。比如用苦丁茶树的树叶揉捻而成的苦丁茶,用菊花制成的黄山贡菊,用可爱的玫瑰花蕾制作的玫瑰花茶……茶外茶的知名度算不上高,接下来,我会介绍几款特别值得一喝的茶外茶。

苦丁茶是一种什么样的茶？

据说能排毒，宿醉时喝它准没错。

　　中国人自古以来就有喝苦丁茶治病的习惯。它不仅能缓解宿醉带来的不适，对皮肤也大有好处，更能防止人体囤积脂肪。此外它也有和普通的茶相似的功效。

　　苦丁茶在20世纪90年代后期进入日本市场，在保健食品店就能买到。刚喝下去的时候，你会觉得这茶几乎没有什么味道，但几秒钟后，嘴里就会有强烈的苦味，这就是"苦丁"二字的由来。有趣的是，大多数男性朋友都无法接受苦丁茶的苦味，却有不少女性朋友表示"苦是苦了点，但是喝得下去"，甚至有人说苦里透着一丝甜味。研究结果显示，男女在味觉层面并没有差异，但我们通过苦丁茶的例子可以看出，女性的感观也许要比男性更细腻一些。

79

黄山贡菊是什么样的茶?

得红眼病了就喝点黄山贡菊吧。

好!

这种茶的由来十分有趣。

　　事情要追溯到清朝。有一次,紫禁城里爆发了红眼病(急性结膜炎)。皇上下旨,遍访名医良药,疫情却没有好转的迹象。就在这时,徽州知府闻讯献上了徽州特产菊花茶。刚看到那些黄色小花的时候,谁都不敢相信它能治病。没想到病人泡服后,眼疾真的痊愈了,疫情也渐渐得到了控制。产自安徽歙县黄山五岭的徽菊就此名气大振,被尊称为"黄山贡菊",年年进贡给皇上。

　　据说菊花茶对中枢神经有镇静作用,可缓解眼部充血,消除疲劳,散风清热,解毒消炎。

玫瑰不仅能观赏，还能当茶喝?

看到这颜色，身体就分泌雌激素啦!

粉色

主流喝法是倒几颗进玻璃杯，用开水泡开。

泡过的花蕾容易褪色，想留住颜色的话可以放1～2颗花蕾到已经泡好的红茶里，更养眼哦!

玫瑰虽然有刺，却是呵护女性的好东西。

　　玫瑰花茶自古就是滋阴养颜的圣品，深受女性的喜爱。它富含维生素C，美容效果就不用说了，最近更有研究结果显示，玫瑰花茶动人的颜色也有神奇的功效。凹凸有致的身材和细腻柔滑的肌肤离不开最具代表性的雌激素。而玫瑰花的粉红色能通过视觉刺激大脑的部分区域，促进人体分泌雌激素。

　　玫瑰花茶的主流喝法是倒几颗进玻璃杯，用开水泡开。只是被烫过的花蕾会失去艳丽的深粉红色，所以想留住颜色的朋友可以放1～2颗花蕾到已经泡好的红茶或其他饮品中，这样就能大饱眼福啦。

81

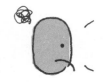

咖啡是用什么做的？

咖啡树结的红果子的种子。

咖啡树是一种常绿灌木，生长在赤道与南北回归线之间的热带区域，即"咖啡带"。它开出白色的小花，但花朵在短短数日内就会凋谢，随后结果。果实最初呈绿色，然后渐渐成熟，变成红色。由于熟果很像樱桃，被称为"咖啡樱桃"。果实内有两颗紧贴在一起的种子，那就是咖啡豆。取出果实中的种子，用200℃左右的高温烘焙，逼出水分，促使氨基酸与糖类发生化学反应，造就独特的风味。把处理过的咖啡豆磨碎，加水冲煮，便成了我们熟悉的咖啡。

相传在6世纪的埃塞俄比亚，有个牧羊人叫卡尔代。一天，他发现羊吃了一种红色的树果后兴奋地狂跳起来。卡尔代觉得这事有点古怪，决定亲自尝试一下。不吃不知道，吃完后他自己也觉得神清气爽。后来他把事情的来龙去脉汇报给了附近的修道院。打那以后，修道院的僧侣们就开始在修行的时候喝小红果煮的茶提神。据说这就是现代咖啡的由来。从这个故事可以看出，咖啡风靡世界的首要原因就是因为它是极少数含有咖啡因的农产品。正是它的提神效果俘获了一代又一代的人。

截至2014年，咖啡的贸易额在天然资源中名列第二，仅次于石油。

82

有没有不带酸味的咖啡豆?

请先走出关于"酸味"的误区。

其实"酸味"也是好咖啡不可或缺的风味元素之一,无奈"发酸=难喝"的印象已经深入人心,以至于大家总把"酸味"和"难喝"联系在一起。专家在品鉴咖啡豆的时候不光看甜味和口感,"酸味"也是非常重要的考量项目。不过专家关注的并不是酸味的有无,而是酸味的好坏。好的酸味是果实的种子与生俱来的味道。而坏的酸味是食品变质或烘焙方法不当的产物。

咖啡专卖店和主打店内烘焙的咖啡馆在烘焙生豆的时候都会按"1个月内用完"的标准操作,所以放置时间一旦超过1个月,就会慢慢感觉到酸味。另外,真空包装的咖啡豆都印着保质期,但这个保质期仅适用于未开封的条件下。一旦拆开,就算保质期没到,泡出来的咖啡也有可能发酸。

酸味和烘焙程度也有一定的关系。每家咖啡专卖店都有自己的烘焙风格,有些店家特别偏爱浅烘焙。这的确是一种有助于突显咖啡豆个性的烘焙手法,可要是浅过了头,咖啡就会有股怪怪的酸味。如果技师的功夫不到家,以至于豆芯没有充分受热,半生不熟,泡出来的咖啡就会有强烈的酸味。

总而言之,认准烘焙风格符合自己口味的咖啡店,注意保鲜,就不会喝到"不好的酸味"了。

酸味也是一种关键元素。

咖啡是果实的种子，本来就有酸味？

哦，这样啊。

什么叫"不好的酸味"？

热气腾腾

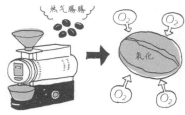

O_2 O_2 氧化 O_2 O_2

烘焙完成1个月后，酸味会逐渐变得明显。

酸味的强弱视烘焙程度而定。
不同的咖啡店也有不同的烘焙风格。

COFFEE

我们家的信条就是浅度烘焙！

本店只卖深度烘焙的咖啡哦。

咖啡酸味的名称

酸度
生豆拥有的优质酸味。

发酸
变质带来的糟糕酸味。

草味
因烘焙不彻底或火力未达豆芯造成的强烈青涩酸味。

83

如何挑选咖啡豆？

初学者可以根据咖啡豆的原产地和烘焙程度想象咖啡的风味。

咖啡豆的本质是农业加工品，风味当然会随着产地的气候、环境而异。大多数咖啡的商品名就是原产地的国名，比如巴西咖啡、牙买加咖啡、哥斯达黎加咖啡等。至于每种咖啡都有怎样的特征，请参考下一页的讲解。

为了突显咖啡豆的特征，人们会对生豆做烘焙处理。简单说来，要突出酸味，就浅烘焙；要突出苦味，就深烘焙。烘焙程度可由浅到深大致分为八个等级，越往后咖啡豆的颜色就越浓。中度烘焙之前的那几种原本是面向生豆采购专家的，加工过的咖啡豆仍保留着强烈的酸味。"中度烘焙"到"深度烘焙"是比较适合日常饮用的，风味均衡。法式烘焙和意式烘焙的苦味特别明显，最适合加奶做成拿铁或者冰咖啡。

原产地及当地咖啡的特征

哥伦比亚、厄瓜多尔等

南美高山咖啡

醇味丰盈，酸味与甜
味均衡。

危地马拉、哥斯达黎加等

中南美高山咖啡

酸味、苦味与醇香十
分平衡的味道。

曼特宁、托那加等

印尼咖啡

伴有独特苦味与酸
味的甘甜。

巴西、玻利维亚等

南美咖啡

轻盈的醇味与温柔
的香味。

牙买加、海地等

中美加勒比海咖啡

甘甜柔和的香味。

摩卡、坦桑尼亚、肯尼亚等

非洲大陆咖啡

深邃的鲜味与极具
特征的酸味。

烘焙程度及其特征

| 轻度烘焙 | 肉桂式烘焙 | 中度烘焙 | 中深度烘焙 | 城市烘焙 | 全城烘焙 | 法式烘焙 | 意式烘焙 |

浅 ⟨烘焙⟩ 深

淡 ⟨颜色⟩ 深

酸味 ⟨味道⟩ 苦味

84

好喝的咖啡要满足哪些条件?

认准三个"刚"——"刚泡好""刚磨好""刚烘好"。

至于要配齐哪些工具,取决于你要从哪个"刚"入手。"我懒得用特殊的工具,这三个'刚'对我来说都是不必要的。"——如果你属于这种情况,直接买自动售货机里的罐装咖啡就行了,喝便利店或餐馆里提前泡好的咖啡也没问题。

要是你手头没工具,除了"刚泡好"没有其他要求,那么咖啡馆与外带咖啡站就是最好的选择。最近连便利店都有现冲咖啡卖呢。如果你比较讲究,想按自己的喜好冲冲看,那就得准备相应的工具了。咖啡的萃取方法有很多。可以自己拿着水壶冲,也可以选全自动咖啡机,按下一个键就完事了。还有复古感十足的虹吸壶和操作简便的法压壶。

要在家里享受"刚磨好"的咖啡,还需要配备用来磨豆子的研磨机、粉碎器等工具。想亲手打造"刚烘好"的发烧友可以买小型烘焙器,这样就能把没烘焙过的咖啡豆(生豆)买回家自己烘了。不同于"刚泡好"和"刚磨好",自己烘焙的咖啡不一定好喝,这一点请大家做好思想准备。不过这样的经历一定能成为绝佳的谈资,还能帮助我们深入理解咖啡的风味,可谓乐趣无穷。

刚泡好

米饭和意大利面都是刚出锅的最美味。同理，咖啡也是刚泡好的最好喝。用优质咖啡豆冲泡的咖啡的确是凉了也好喝，但放得时间长了也会逐渐氧化。

刚磨好

研磨熟的咖啡豆会导致截面的增加，氧化速度也会相应加快。从"保鲜"的角度看，磨豆这步最好在临冲泡时进行。毕竟刚磨好的咖啡豆所释放出的浓香也是研磨带来的一大享受。

刚烘好

从加温的那一刹那开始，咖啡豆会释放出二氧化碳，而氧气则会趁虚而入。随着时间的推移，氧化程度会越来越高，风味也会随之变化。烘焙后1~2天的咖啡豆有着清新的风味。3天后，醇味日渐提升。一旦超过14天，风味便会走下坡路（具体氧化速度视烘焙程度而定）。

85

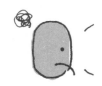

用什么样的咖啡研磨机比较好?

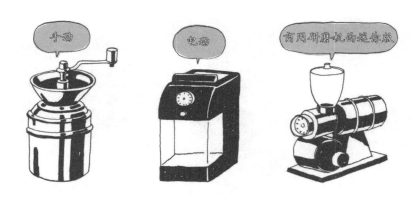

手动

电动

商用研磨机的迷你版

根据要冲泡的杯数和打理的方便程度进行选择。

　　咖啡研磨机是粉碎咖啡豆的工具。一台研磨机在手，就能随时享受"刚磨好"的新鲜咖啡了。研磨机有手动、电动之分，研磨方式有切割（用金属刀片把咖啡豆切碎）和碾磨（原理跟石磨一样，一边碾压一边磨粉）两种。

　　如果你每次只需要磨1～2人份，手动的研磨机就够用了，用量大的朋友还是买电动的吧，能省不少事呢。建议大家选购刀刃、磨盘部分可以水洗的款式，打理起来更方便。小型研磨机难免会磨得不太均匀，香味自然也要打一些折扣。如果你要追求专业级别的香味，买一台迷你版商用研磨机倒也是个不错的选择，就是价格有点贵，但一定能过一把发烧友的瘾。

86

什么是滤纸冲泡法、法兰绒滴漏法？

滤纸冲泡法

梯形

圆锥形

滤纸需放在底部开孔的滤杯中使用。比较常见的滤杯品牌有以卡莉塔为代表的三孔梯形滤杯，还有以哈里欧为代表的单孔圆锥形滤杯等。三孔滤杯的特征是方便控制水量。单孔滤杯的萃取速度较快，更容易冲出口味清爽的咖啡。

法兰绒滴漏法

滤网用表面有绒毛的法兰绒布制成。可反复使用，只是用完后必须用开水洗净，并放入装了水的容器冷藏，否则残留在纤维中的咖啡粒子会渐渐氧化，发出异味。暂时不用的话，必须装进可以密封的容器或袋子，再放进冰箱。

最常用的两种冲泡方法，一种用纸，一种用布。

　　顾名思义，滤纸冲泡法用的是滤纸，而法兰绒滴漏法用的是法兰绒滤布。滤纸胜在方便，随用随扔，价格低廉。而且通过滤纸萃取的咖啡色泽诱人，晶莹剔透，所以它一直是最受欢迎的冲泡方法。法兰绒滤布的孔比滤纸大，更容易萃取出咖啡粉中的成分，却能同时将用不着的微粒留在纤维中，所以冲泡出来的咖啡有着格外柔和的口感。而且滤布是可以反复清洗的，经济实惠，只是存放的时候要格外注意。

87

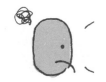

在家泡咖啡有什么需要注意的地方吗?

需注意咖啡豆的用量、水温和冲泡时间。

　　这三个要素决定了咖啡的风味。道理很简单：第一，在热水等量的前提下，用的咖啡豆越多，泡出来的咖啡当然就越浓，反之亦然。第二，咖啡豆中的各种成分有着不同的析出温度，所以水温也会影响成品的风味。第三，这些成分转移到热水中所需的时间有长有短，因此咖啡豆浸泡在热水中的时间也会在极大程度上影响成品的味道。

　　请大家注意，咖啡豆磨的粉和速溶咖啡是两码事。将咖啡豆的成分转移到热水中，才是萃取咖啡的关键所在。为了达成这一目的，我们要先用少量的热水把磨好的咖啡粉闷一下，借助水蒸气的力量，让咖啡豆的精华浮出来。要是省略了这一步，咖啡粉就无法为接下来的析出做好准备，最后冲出来的咖啡必然会索然无味。切记，热水的温度最好控制在90℃左右。因为温度太高的开水会把多余的杂味带出来，温度太低则泡不出该有的成分。

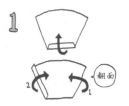

1

按滤纸底部的虚线往上折，然后翻面，沿着中段的虚线折叠。

2

打开后装进滤杯。

3

将磨好的咖啡粉倒入滤纸。①

4

由内而外倒入热水，轨迹呈螺旋状。②此时咖啡粉会膨胀，需等待30秒左右，让咖啡粉彻底涨开。

5

往涨开的咖啡粉的正中央倒水，就像是要浇出一个洞似的。

6

持续倒水，让"洞口"渐渐扩大。

7

注意不要把水倒到滤纸上，诀窍是在边缘浇出一圈"河堤"。

8

继续倒水，直到滴落的咖啡到达咖啡壶的规定刻度，然后取下滤杯，把壶里的咖啡倒进杯子即可。

注：① 如果咖啡粉本身磨得比较细，泡出来的咖啡就会偏浓，反之就会偏淡。咖啡粉的包装上一般都会写"1人份用10g左右"，但是按我的经验，1人份用13～15g，2人份用20～22g，3人份用25～27g，才能泡出风味稳定的咖啡。
② 手法要轻柔，仿佛是轻轻把水"盖"在咖啡粉上似的。尽量不要把水倒在滤纸上。

家用咖啡机到底好不好用?

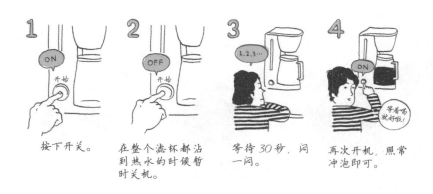

1	2	3	4
按下开关。	在整个滤杯都沾到热水的时候暂时关机。	等待30秒,闷一闷。	再次开机,照常冲泡即可。

只要掌握了窍门,家用咖啡机也能泡出美味的咖啡。

　　家用咖啡机着实帮我们省了不少事。插上电源,把咖啡豆和水准备好,按下开关,就能喝到热气腾腾的咖啡了。美中不足的是,许多咖啡机省略了一个关键的步骤——闷,泡出来的咖啡总是不够香醇。咖啡机没有这种功能不要紧,教大家一个小窍门:先开机,然后在整个滤杯都沾到热水的时候暂时关机,等待30秒左右。闷够时间了,再重新开机,照常冲泡。如此一来,成品的醇味与香味都会得到显著提升。

　　市面上有许多带保温功能的咖啡机,但长时间保温会让咖啡发酸、变涩,请大家务必控制好时间。

89

法压壶也能用来泡咖啡吗?

倒入磨好的咖啡粉。

加入少量热水,闷 30 秒左右。

加入足量热水,直到水位抵达刻度线,然后加盖浸泡 3 ~ 4 分钟,把压杆往下推。

倒入咖啡杯即可享用。

欧美人也用它泡咖啡。

　　法压壶又名冲茶器。先倒入磨好的咖啡粉,加入少量热水,闷 30 秒左右。然后按杯数倒入足量热水,浸泡 3 ~ 4 分钟(具体浸泡时间视你的口味而定),接着把带金属滤网的压杆往下推。只有这样才能品尝到会被滤纸或滤布挡住的咖啡豆油脂。不过用法压壶的时候,难免会有一些细粉穿过滤网,咖啡的口感会变得比较粗糙。欧美人倒不纠结这些,可日本的水质好,日本人又是在茶文化的熏陶下长大的,特别受不了无法在口中融化的咖啡渣以及沉淀在杯底的浑水。如果你也介意,那就在压完以后稍等片刻,等粉末都沉淀了,再轻轻地、慢慢地倒出来。稍微剩一点在壶里就不容易喝到咖啡渣了。

90

什么是虹吸壶?

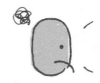

1
将开水倒入
下壶。①

2
点燃酒精
灯,把水
再次煮沸。

3
磨好的咖
啡粉倒入
上壶。

4
再次用酒
精灯加热,
热水就会
升入上壶。

5
搅拌均匀,
等待萃取
液达到理
想的浓度。

6
撤掉酒精
灯后,萃
取液会立
刻下降。
将下壶中
的咖啡倒
进杯子
即可享用。

我在咖啡馆看到了一种类似化学实验装置的设备,
这是一种名叫"虹吸壶"的咖啡冲泡工具。
它在日本被定位为"行家标配",
因此也走上了独特的进化之路。

注:① 不能在这一步倒冷水。否则不仅会白白浪费酒精燃料,
更有可能加快耐热橡胶和玻璃的老化速度,引发破损。

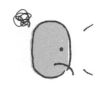

还有其他的咖啡冲泡工具吗?

试试咖啡量勺和手冲壶吧。

　　咖啡量勺是用来把握咖啡粉用量的工具，1勺基本是1杯的用量。不过具体用量要看杯子的大小，使用的冲泡工具也有一定的关系，所以量勺只能用作大致的参考，不同厂家生产的量勺连容量都不一样。用滤纸或滤布手工冲泡咖啡时，会用到一种细长嘴的手冲壶。有了它就能控制水量、注水时间和微妙的水势，甚至会让你产生自己变成了专业咖啡师的错觉。

92

什么是意式浓缩咖啡？

用高压一鼓作气冲煮的浓厚咖啡。

20世纪90年代后期，从西雅图起家的咖啡连锁巨头"星巴克"登陆日本。从那时起，意式浓缩咖啡便渐渐走进了日本街头巷尾的咖啡馆和外带咖啡站。普通浓缩咖啡（用热水冲泡的咖啡）不稀奇，只要有简单的工具，就能泡出咖啡馆的水准，但意式浓缩咖啡必须用专业设备冲泡。

正规的商用意式咖啡机价格高昂，再便宜也要几千至几万人民币。咖啡豆要先用专业的研磨机打成细碎的粉末，然后把粉末倒进咖啡机的金属过滤手柄里压紧。这种机器的工作原理是让热水快速穿过粉层，瞬间萃取咖啡，所以高压必不可少。

最近市面上出现了不少家用电动意式咖啡机，性能也相当不错。虽然敌不过商用高压机，但家用机胜在方便，把装有咖啡粉的专用纸袋或胶囊装进去，按下开关就搞定了。

无论用哪种机器萃取，1杯的分量都很少，需要用意式浓缩杯或小型咖啡杯装。加够糖，用手指捏住小杯的把手，举起来一口喝掉，这样才有意大利范儿！

家用电动意式咖啡机

价格实惠，操作简单。将专用咖啡豆倒进去，按下开关即可。

火煮式意式咖啡壶

将密闭容器直接放在火上加热。在意大利是普及度很高的家用冲煮工具，就跟日本的茶壶一样。

商用意式咖啡机

配有大容量汽锅，可持续提供理想的气压，因此能大量萃取风味稳定的意式浓缩咖啡。

93

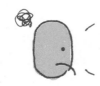

拿铁和卡布奇诺有什么区别？

**单份意式
浓缩咖啡**
（*Espresso
Solo*）

**双份意式
浓缩咖啡**
（*Espresso
Doppio*）

拿铁咖啡
（*Caffe Latte*）

卡布奇诺
（*Cappuccino*）

玛奇朵
（*Macchiato*）

单说"意式浓缩咖啡"的时候，指的一般都是"Solo"。由专业设备高压萃取而成。

单份×2。不过"用双份咖啡粉萃取1杯"的情况有时候也叫"双份"。

意大利语中，*Caffe*=咖啡，*Latte*=牛奶。往装有意式浓缩的杯子中加入用蒸汽加热过的牛奶，分量约为咖啡的两倍。

意式浓缩+蒸汽热牛奶+松软的泡沫。现在的主流做法是往咖啡中加入丝滑奶泡。

在意式浓缩里加1勺奶泡，仿佛给咖啡打上了白色的烙印。"*Macchiato*"在意大利语中就是"印记"的意思。

简单来说，它们都是享受意式浓缩咖啡的喝法。

　　从发源地意大利传入北美的意式浓缩咖啡，经由西海岸的西雅图后登陆日本，以燎原之势迅速普及开来。既能像意大利人那样直接品尝浓缩在小杯中的万千风味，又能搭配香甜的牛奶，享受别样的轻盈滋味。

　　在日本人的心目中，意式浓缩俨然成了"时髦"的代名词，也难怪它会如此风靡。以星巴克为代表的"西雅图连锁咖啡店"有几种比较经典的意式浓缩喝法。大家平时经常听到这些名字，若认真追究起做法来，就没几个人说得清楚了。我简单归纳了这几款咖啡的做法与特征，敬请参考。擅长随机应变的咖啡师还能以它们为基础，根据顾客的要求"定制"咖啡，玩法不要太多哦。

94

冰咖啡怎么泡才好喝?

装满冰块的玻璃杯。

咖啡粉用量应为普通热咖啡的1.2~1.5倍。

用热水冲泡

考虑融化的冰块会使咖啡变淡，1杯冰咖啡的咖啡粉用量应为普通热咖啡的1.2~1.5倍。泡好后倒进装满冰块的玻璃杯即可。

100g咖啡粉。

1L水

放进冰箱后，尽量1~2天内喝完。

用冷水冲泡

这种方法比较费时，所以一次性多泡些更划算。将100g咖啡粉倒入容器，加1L水，然后放进冰箱冷藏室静置一晚。第二天早晨用咖啡专用滤纸或其他工具过滤一遍，转移至另一个容器即可。觉得味道太浓可以适当加水。

给大家介绍两种方法，一种用热水冲泡，一种用冷水冲泡。

　　冰咖啡已经成了现代人的日常饮品。咖啡馆就不用说了，自动售货机也有罐装的冰咖啡卖，超市里还有大瓶装的。随买随喝，方便极了。

　　自己在家用咖啡粉泡也很容易。请大家务必选择深度烘焙的咖啡粉，这样才能泡出酸味少、苦味明显的冰咖啡。这类咖啡粉的商品名里一般都有法式烘焙、意式烘焙之类的字眼。如果你去的是咖啡专卖店，那就直接跟店员说"我想买冲泡冰咖啡的咖啡粉"，人家自然会给你推荐合适的品种。粉质以细粉为佳。详细泡法如上图所示。

95

什么是越南咖啡？

充分发挥了越南咖啡豆的特质，
滋味犹如甜点的咖啡。

　　一提起咖啡产地，大家往往会联想到巴西、哥伦比亚等南美国家，殊不知咖啡产量排名世界第二，仅次于巴西的国家就在亚洲——没错，越南也是咖啡的主要产地之一。

　　和其他农产品一样，咖啡也有品种之分。我们平时喝的滴滤咖啡基本都是阿拉比卡豆。这种咖啡风味卓越，但比较娇气，对种植环境有严格的要求。而卡内弗拉豆中的"罗布斯塔"有很强的环境适应能力，可以在低地大批量种植。越南就是罗布斯塔咖啡豆的一大产地。越南力推"以咖啡换外汇"的国策，充分利用本国的廉价劳动力，大量种植低价咖啡。近年来越南的咖啡产量的确在直线上升。只是这种咖啡的苦味较强，香味也不及阿拉比卡豆，差距比较明显。话虽如此，苦味也算是咖啡的名片，所以在需要强调苦味和浓香的场景下，罗布斯塔咖啡豆依旧能够大放异彩。实惠的价格和独特的风味，让它一跃成为罐装咖啡原料的"主力军"。有时候人们也会用它和其他咖啡豆混合，以突显意式浓缩咖啡的独特醇味。

　　传统的越南咖啡都是咖啡加炼乳的喝法。先往杯子里倒一层厚厚的炼乳，再架上滤杯，把咖啡滴进去。搅拌均匀后，就能同时享受浓稠的甜味与鲜明的苦味。只有越南产的罗布斯塔才能和炼乳平分秋色，所以越南产的罗布斯塔豆也算找到了它大显身手的舞台。

先往杯子里倒3勺左右的炼乳。

拿出滤杯的压片，加入3勺左右的咖啡粉。

装好压片，拧紧螺丝。

把滤杯架在杯子上，倒入少量热水。

加盖闷30秒。

开盖，一鼓作气倒入标准分量的热水。

加盖，静候咖啡滴落。

取下滤杯，搅拌均匀后，即可享用。

96

发现价格低廉的蓝山咖啡，该不该买？

且慢！十有八九是假冒伪劣产品。

19世纪初，"蓝山咖啡"凭借其卓越的品质一跃成为伦敦咖啡馆的宠儿，风靡一时。"蓝山"在日本也是高档咖啡的代名词，清雅的香味与细腻均衡的口感将它推上了"咖啡之王"的宝座。然而，强大的品牌号召力也催生出了一批来路不明的山寨货。不想当冤大头，就得先搞清楚蓝山咖啡到底是一种什么样的咖啡。

蓝山咖啡的产地是牙买加，当地的咖啡向来以甜味和温润的香味著称。牙买加政府将一片自然条件得天独厚的地区划定为"蓝山地区"，只有这片地区出产的极少数咖啡才有资格冠上"蓝山"这个名字。

选购咖啡的时候，请重点查看"蓝山"后面的数字与名称。"蓝山No.1"是精品中的精品，颗粒最大。稍小一些的称"No.2"，再小就是"No.3"，以此类推。如果蓝山后面还写着"综合（Blue Mountain Blend）"，那就说明这款产品是用蓝山和其他咖啡豆拼出来的，准确地说，蓝山的占比绝不会超过30%。此外，市面上还有各种打擦边球的商品名，什么"祖母绿山""彩虹山"，总之请大家认准"蓝山"二字，不叫这个名字的都不正宗。

牙买加

蓝山

种植在蓝山山脉（牙买加）海拔 800～1200m 的一小片地区的咖啡。价格会随着当年的产量而大幅波动。

97

如何形容咖啡的味道？

品鉴咖啡有"七大维度"。

大家不妨参考一下专家采购咖啡时的品鉴维度。了解的表述方法越多，你就能越发深入地理解咖啡的美味，进而用自己的语言点评咖啡。

首先是香味的品鉴维度，具体说来有"干香气"和"湿香气"之分。前者指烘焙豆研磨后发出的香气，后者特指萃取液的香气。可以用鲜花般的香味或香料般的香味来形容。

味蕾感知的味道及鼻腔感知的香味带来的综合印象称"风味"。在形容风味的时候，一般会用咖啡以外的食品打比方，例如风味犹如巧克力或风味接近奶糖等。

然后是"酸度"，指的是能转化为甜味的清爽酸味，常用的喻体有蜜桃、杏子等。

"醇度"关注的不是味道的种类，而是味道的重量，即萃取液的浓度、稠度等方面。常用的形容词有丰满、轻盈、如奶油般等。

"均衡度"旨在分析风味、酸度和醇度的相对关系，可以采用酸味与苦味不够平衡或各方面表现均衡这样的说法。

"余韵"指的是喝下咖啡后残留在口腔与鼻腔中的香味。

最后是"整体印象"，相当于总评。基于各方面的表现，综合评价产地的香味特征与个性。比如某款巴西咖啡有香味纯净、口感顺滑、甘甜等特征，就可以说它具备巴西咖啡的风范。

香味的
品鉴维度

干香气（粉）
温香气（液）

鲜花般的香味、
香料般的香味
……

味道和香味的综合印象。

风味

犹如巧克力、
奶糖。

能转化为甜味的清爽酸味。

酸度

蜜桃、
杏子…

"味道的重量"的品鉴维度
基于浓度、稠度等

醇度

丰满、轻盈、
如奶油般。

风味、酸度和醇度的相对关系

均衡度

酸味与苦味不够平衡，
各方面表现均衡。

喝下咖啡后残留在口
腔与鼻腔中的香味。

余韵

综合评价产地的香味特征与个性。

整体印象

具备巴西咖啡
的风范。

98

什么是综合咖啡?

用不同品种的咖啡混合而成,香味表现均衡。

　　比较专业的咖啡馆可以按咖啡豆的种类点单。如果你发现菜单里有"巴西""哥伦比亚"之类的选项,不妨自己动手调一杯"综合咖啡"喝喝看吧。

　　先喝一口没加过任何东西的巴西咖啡,甜味与苦味应该都很鲜明。然后再喝一口哥伦比亚咖啡,其中的酸味定会让舌头两侧产生触电般的感觉。等量混合这两种咖啡,浓香四溢、风味柔和而均衡的综合咖啡就大功告成了。再加些摩卡咖啡[①]、肯尼亚咖啡等个性鲜明的品种,深度与立体感还能再上一个档次,为你量身定制的"原创配方综合咖啡"就此诞生!

注:① 此处指用摩卡咖啡豆冲泡出来的咖啡。

咖啡应该如何存放?

如果要冷冻,请用保鲜膜把咖啡豆裹成一个个小包,一包正好是一次的用量。

保鲜膜

一次的用量

拿出来的要用光哦。

存放原则和普通食品一样,越接近真空状态越好。

"避光、冷藏"是雷打不动的大原则。

　　湿气、空气、光和高温堪称茶饮的"四大杀手"。在介绍茶叶的部分,我也反复强调了它们的危害。能否留住咖啡的鲜美,关键也在于"隔绝"二字。最容易影响品质的因素莫过于"湿气"。烧水壶喷出来的蒸汽就不用说了,稍不留神用了湿漉漉的量勺,咖啡粉也会受潮。放冰箱冷藏室当然是个好办法,只是拿出拿进容易结露,请大家务必小心。暂时不喝的话,直接放进冷冻室也没问题。但咖啡粉比咖啡豆更容易变质,还是买豆子回家现磨现喝为好。

100

图书在版编目（CIP）数据

你不懂茶 / （日）三宅贵男著；曹逸冰译. —— 南京：
江苏凤凰文艺出版社，2019. 2（2024. 11重印）
ISBN 978-7-5594-3007-6

Ⅰ. ①你… Ⅱ. ①三… ②曹… Ⅲ. ①茶文化—世界
Ⅳ. ①TS971. 21

中国版本图书馆CIP数据核字(2018)第232582号

版权局著作权登记号：图字 10-2018-257

"UCHI DE OCHA SURU?" NO KOTSU 100
Copyright © Takao Miyake 2015
All rights reserved.
Original Japanese edition published by Raichosha Co., Ltd.
This Simplified Chinese edition published
by arrangement with Raichosha Co., Ltd., Tokyo
in care of FORTUNA Co., Ltd., Tokyo

书　　　名　你不懂茶
著　　　者　[日]三宅贵男
译　　　者　曹逸冰
策　　　划　快读·慢活
责 任 编 辑　王昕宁
特 约 编 辑　周晓晗　王　瑶
插　　　画　白井匠
出 版 发 行　江苏凤凰文艺出版社
出版社地址　南京市中央路165号，邮编：210009
出版社网址　http:// www.jswenyi.com
印　　　刷　天津联城印刷有限公司
开　　　本　880毫米×1230毫米　1/32
印　　　张　7
字　　　数　220千字
版　　　次　2019年2月第1版
印　　　次　2024年11月第6次印刷
标 准 书 号　ISBN 978-7-5594-3007-6
定　　　价　48.00元

江苏凤凰文艺版图书凡印刷、装订错误，可向出版社调换，联系电话025- 83280257

快读·慢活®

从出生到少女，到女人，再到成为妈妈，养育下一代，女性在每一个重要时期都需要知识、勇气与独立思考的能力。

"快读·慢活®"致力于陪伴女性终身成长，帮助新一代中国女性成长为更好的自己。从生活到职场，从美容护肤、运动健康到育儿、教育、婚姻等各个维度，为中国女性提供全方位的知识支持，让生活更有趣，让育儿更轻松，让家庭生活更美好。